中国农业标准经典收藏系列

最新中国农业行业标准

第十辑

畜牧兽医分册

农业标准编辑部　编

中 国 农 业 出 版 社

图书在版编目（CIP）数据

最新中国农业行业标准．第10辑．畜牧兽医分册／农业标准编辑部编．—北京：中国农业出版社，2014.11
（中国农业标准经典收藏系列）
ISBN 978-7-109-19778-7

Ⅰ.①最… Ⅱ.①农… Ⅲ.①农业－行业标准－汇编－中国②畜牧业－行业标准－汇编－中国③兽医－行业标准－汇编－中国 Ⅳ.①S-65

中国版本图书馆CIP数据核字（2014）第273828号

中国农业出版社出版
（北京市朝阳区麦子店街18号楼）
（邮政编码 100125）
责任编辑 冀 刚 廖 宁

中国农业出版社印刷厂印刷 新华书店北京发行所发行
2015年1月第1版 2015年1月北京第1次印刷

开本：880mm×1230mm 1/16 印张：6.25
字数：125千字
定价：58.00元
（凡本版图书出现印刷、装订错误，请向出版社发行部调换）

本书编委会

主　　编：刘　伟

副 主 编：杨桂华

编　　委（按姓名笔画排序）：

刘　伟　李文宾　杨桂华

廖　宁　冀　刚

出 版 说 明

近年来，农业标准编辑部陆续出版了《中国农业标准经典收藏系列·最新中国农业行业标准》，将2004—2012年由我社出版的2 600多项标准汇编成册，共出版了九辑，得到了广大读者的一致好评。无论从阅读方式还是从参考使用上，都给读者带来了很大方便。为了加大农业标准的宣贯力度，扩大标准汇编本的影响，满足和方便读者的需要，我们在总结以往出版经验的基础上策划了《最新中国农业行业标准·第十辑》。

本次汇编对2013年出版的298项农业标准进行了专业细分与组合，根据专业不同分为种植业、畜牧兽医、植保、农机和综合5个分册。

本书包括三个部分：第一部分为畜牧类标准，收录了牧草、养殖设施工程等方面的农业行业标准5项；第二部分为兽医类标准，收录了绿色食品兽药、病毒检测方法方面的农业行业标准3项；第三部分为畜禽产品类标准，收录了畜禽产品贮运和物流方面的农业行业标准2项。并在书后附有2013年发布的5个标准公告供参考。

特别声明：

1. 汇编本着尊重原著的原则，除明显差错外，对标准中所涉及的有关量、符号、单位和编写体例均未做统一改动。

2. 从印制工艺的角度考虑，原标准中的彩色部分在此只给出黑白图片。

3. 本辑所收录的个别标准，由于专业交叉特性，故同时归于不同分册当中。

本书可供农业生产人员、标准管理人员和科研人员使用，也可供有关农业院校师生参考。

目　　录

第一部分

畜 牧 类 标 准

ICS 65.140
B 47

中华人民共和国农业行业标准

NY/T 1159—2013
代替 NY/T 1159—2006

中华蜜蜂种蜂王

The bred queen of *Apis cerana* in China

2013-05-20 发布　　2013-08-01 实施

中华人民共和国农业部　发布

前　言

本标准按照 GB/T 1.1—2009 给出的规则起草。

本标准代替 NY/T 1159—2006，与 NY/T 1159—2006 相比主要变化如下：

——术语和定义部分增加了“种蜂王”、“囊状幼虫病”、“欧洲幼虫腐臭病”，删除了“种王形态特征”及“种王经济性状”；

——“种蜂王分级标准”内容增加，分别对长江以北、长江以南地区的中华蜜蜂种蜂王进行了规定；

——“疫病的诊断”增加了“囊状幼虫病”及“欧洲幼虫腐臭病”的典型症状诊断；

——“种蜂王分级标准”和“疫病的诊断”顺序有所改变。

本标准由农业部畜牧业司提出。

本标准由全国畜牧业标准化技术委员会(SAC/TC 274)归口。

本标准起草单位：中国农业科学院蜜蜂研究所。

本标准主要起草人：石巍、丁桂玲、刘之光、吕丽萍。

本标准所代替的历次版本发布情况为：

——NY/T 1159—2006。

中华蜜蜂种蜂王

1 范围

本标准规定了中华蜜蜂种蜂王的鉴定、分级和销售。

本标准适用于中华蜜蜂种蜂王。

2 术语和定义

下列术语和定义适用于本文件。

2.1

中华蜜蜂 *Apis cerana* in China

我国境内东方蜜蜂(*Apis cerana*)的通称。目前已知分布在除新疆以外的广大地区,主要分布在山区和半山区。

2.2

种蜂王 bred queen

优良性状能够稳定遗传,由受精卵发育而成的生殖器官发育完全的雌性蜜蜂。

2.3

囊状幼虫病 sacbrood

由蜜蜂囊状幼虫病毒(sacbrood virus)引起的蜜蜂幼虫病。

2.4

欧洲幼虫腐臭病 european foulbrood

由蜂房蜜蜂球菌(*melissococcus pluton*)引起的蜜蜂幼虫病。

3 种蜂王鉴定

3.1 体长的测定

将初始产卵的种蜂王诱入指形管中,通入二氧化碳气体,待种蜂王麻醉后,用直尺测量体长。

3.2 初生体重的测定

将刚羽化出房的种蜂王用二氧化碳气体麻醉后,用扭力天平或电子天平称量体重。

3.3 产卵力的测定

用4.4 cm×4.4 cm的方格网进行测量,每一方格中约含100个巢房。统计种蜂王24 h产卵总和。

3.4 维持群势能力的测定

在蜂群群势最强时,用台秤称量单群成年蜜蜂的重量。

3.5 疫病的诊断

3.5.1 囊状幼虫病

3.5.1.1 囊状幼虫病的典型症状是蜜蜂幼虫在封盖后3 d~4 d不能化蛹,死亡,封盖被工蜂咬开,死亡幼虫头部上翘呈“尖头”状、无臭味,用镊子很容易从巢房中拉出,拉出的死亡幼虫体液下坠而呈囊状。此时,可见虫体表皮完整,体内充满乳状液体。虫体失去光泽,开始呈灰白色,以后逐渐变黄灰色。

3.5.1.2 在蜂场,主要根据典型症状来诊断囊状幼虫病,最后确诊需对病理材料进行病毒学和血清学试验。蜂群诊断时,先观察蜂群活动情况,发现工蜂从箱内拖出病死幼虫或在巢门前地上看到病死幼虫,就要进一步开箱检查。打开箱盖,发现有插花子脾,并有囊状幼虫病的典型症状,就可以初步确诊。

3.5.2 欧洲幼虫腐臭病

3.5.2.1 欧洲幼虫腐臭病的典型症状是2日龄～4日龄幼虫染病后，初呈苍白色、扁平，失正常的饱满和光泽，后渐变成黄色乃至黑褐色，也有的未变色即腐烂，幼虫尸体呈溶解腐败，有酸臭气味，挑取腐烂虫体时不成丝状，无黏性。染病幼虫多在封盖前死亡。幼虫干枯后，贴于房底，易被清除。有时蜂群染病后，子脾上可出现空巢房和不同日龄子房相间的"插花子脾"。

3.5.2.2 微生物学检验：将疑似病虫置于干净的载玻片上，加一滴无菌水后用玻璃棒研成悬浮液，再加一滴10%苯胺黑染色液混匀，用另一载玻片的边缘将悬浮液推抹成薄涂片，干燥后置于显微镜下放大1 000倍以上观察，只要见到披针型、单个、短链状或成簇状排列的蜂房蜜蜂球菌，即可确诊为欧洲幼虫腐臭病。

4 种蜂王分级标准

4.1 健康的种蜂王评定用百分制记分，按得分总和确定等级。见表1、表2。

表1 长江以北地区中华蜜蜂种蜂王分级标准

项目	满分	范围	评分
体长	10	20 mm以上	10
		18 mm～20 mm	5
体色	10	黑色或棕红色	10
		杂色	5
初生重	25	180 mg以上	25
		170 mg～180 mg	20
		160 mg～170 mg(不含)	10
产卵力 (日产卵量)	25	900粒以上	25
		800粒～900粒	20
		700粒～800粒(不含)	15
		600粒～700粒(不含)	10
		600粒以下	0
维持群势能力	30	2 kg以上	30
		1.6 kg～2.0 kg	20
		1.3 kg～1.6 kg(不含)	10

表2 长江以南地区中华蜜蜂种蜂王分级标准

项目	满分	子项目	评分
体长	10	18 mm以上	10
		16 mm～18 mm	5
体色	10	黑色或棕红色	10
		杂色	5
初生重	25	170 mg以上	25
		160 mg～170 mg	20
		150 mg～160 mg(不含)	10
产卵力 (日产卵量)	25	800粒以上	25
		700粒～800粒	20
		600粒～700粒(不含)	15
		500粒～600粒(不含)	10
		500粒以下	0
维持群势能力	30	1.5 kg以上	30
		1.2 kg～1.5 kg	20
		1.0 kg～1.2 kg(不含)	10

4.2 得分 85～100 分为一级种蜂王；70～80 分为二级种蜂王；60～65 分为三级种蜂王；60 分以下不为种蜂王。

5 种蜂王销售

种蜂王在出售前应进行囊状幼虫病和欧洲幼虫腐臭病的检测，不得使用患病蜂群培育种蜂王，不得将患病蜂场的种蜂王出售。

ICS 65.020.01
B 05

中华人民共和国农业行业标准

NY/T 2322—2013

草品种区域试验技术规程　禾本科牧草

The code of practice for regional trials of forage grass

2013-05-20 发布　　2013-08-01 实施

中华人民共和国农业部　发布

前　言

本标准按照 GB/T 1.1—2009 给出的规则起草。

本标准由农业部畜牧业司提出。

本标准由全国畜牧业标准化技术委员会(SAC/TC 274)归口。

本标准起草单位:全国畜牧总站、全国草品种审定委员会、中国农业科学院北京畜牧兽医研究所、中国热带农业科学院热带作物品种资源研究所、四川省草原工作总站。

本标准主要起草人:贠旭疆、苏加楷、齐晓、邵麟惠、马金星、李聪、张新跃、白昌军、张瑞珍、张瑜。

草品种区域试验技术规程　禾本科牧草

1　范围

本标准规定了禾本科牧草品种区域试验的试验设置、播种材料要求、田间管理、观测记载、数据整理等项内容。

本标准适用于禾本科牧草。

2　规范性引用文件

下列文件对于本文件的应用是必不可少的。凡是注日期的引用文件，仅注日期的版本适用于本文件。凡是不注日期的引用文件，其最新版本(包括所有的修改单)适用于本文件。

GB 6142　禾本科草种子质量分级

GB/T 6432　饲料中粗蛋白测定方法

GB/T 6433　饲料中粗脂肪的测定

GB/T 6434　饲料中粗纤维的含量测定　过滤法

GB/T 6435　饲料中水分和其他挥发性物质含量的测定

GB/T 6436　饲料中钙的测定

GB/T 6437　饲料中总磷的测定　分光光度法

GB/T 6438　饲料中粗灰分的测定

GB/T 20806　饲料中中性洗涤纤维(NDF)的测定

NY/T 1459　饲料中酸性洗涤纤维的测定

3　术语和定义

下列术语和定义适用于本文件。

3.1

草品种　herbage variety

经人工选育，在形态学、生物学和经济性状上相对一致，遗传性相对稳定，适应一定的生态条件，并符合生产要求的草类群体。

3.2

区域试验　regional trial

为确定草品种适宜栽培区域而进行的多点试验。

3.3

对照品种　control variety

在品种试验中，作为参试品种的对比、参照品种。

3.4

一年生牧草　annual forage

在1年内完成生命周期的牧草。一般春、秋季播种，当年秋季或翌年夏季开花结实，随后枯死。

3.5

多年生牧草　perennial forage

生长期限3年以上(含3年)的牧草，一次播种可多年利用。

3.6

草产量变异系数　coefficient of variation of forage yield

同品种不同重复的草产量数据标准差与其平均数比值的百分数。按式(1)计算。

$$CV = s/\bar{x} \times 100 \quad \cdots\cdots (1)$$

式中：

CV ——变异系数，单位为百分率(%)；

s ——同品种不同重复的草产量数据标准差；

$\bar{x}$ ——同品种不同重复的草产量数据平均数。

4　试验设置

4.1　试验地的选择

试验地应代表所在试验地区的气候、土壤和栽培条件等。选择地势平整、土壤肥力中等且均匀、前茬作物一致、无严重土传病害、具有良好排灌条件(雨季无积水)、四周无高大建筑物或树木影响的地块。

4.2　试验设计

4.2.1　试验组

一般按草种种类划分试验组，每个试验组的参试品种 3 个～15 个，其中至少有 1 个对照品种。每个试验组应安排 3 个以上(含 3 个)不同地区的试验点。

4.2.2　试验周期

一年生牧草品种应不少于 2 个生产周期，多年生牧草品种应不少于 3 个生产周年。

4.2.3　小区面积

矮秆窄行条播牧草试验小区面积为 15 m^2～20 m^2，高秆宽行条播牧草试验小区面积为 30 m^2～40 m^2。

4.2.4　小区设置

采用随机区组设计，重复一般为 4 次。同一区组试验应放在同一地块，全部试验地块四周设 1 m～2 m 宽的保护行。

5　播种材料

5.1　种子

5.1.1　种子质量

参试种子质量应满足 GB 6142 规定的 3 级以上(含 3 级)种子质量要求。

5.1.2　种子数量

按照种子用价和实际播种面积计算用种数量，满足试验用种需求。

5.1.3　种子处理

不应对参试种子进行可能影响植株生长发育的处理，如包衣或拌种。当种子具有休眠性时，应进行打破休眠处理，处理方法由供种者提供。

5.2　种茎

5.2.1　种茎质量

应是腋芽饱满、无病虫害的健康种茎。

5.2.2　种茎数量

按照种茎上有效芽数和实际播种面积计算种茎数量，满足试验栽种需求。

6 播种和田间管理

6.1 一般原则

一个试验组的同一项田间操作宜在同一天内完成。无法在同一天内完成时，同一区组的该项田间操作应在同一天内完成。

6.2 试验地准备

播种前应对试验地的土质和肥力状况进行调查分析，试验地应精耕细作。

6.3 播种期

应根据品种特性和当地气候及生产习惯适时播种。

6.4 播种方法

一般采用条播，对有特殊要求的品种另行确定。

6.5 播种量

应根据生产利用方式、不同品种的特性和参试种子或种茎的质量确定播种量。

6.6 田间管理

管理水平应与当地大田生产水平相当，及时查苗补缺、防除杂草、施肥、排灌并防治病虫害(抗病虫性鉴定的除外)，以满足参试品种正常生长发育需要。

6.6.1 补种

应尽可能1次播种达到苗齐苗全。如出现明显的缺苗断行，应尽快补种。

6.6.2 杂草防除

应人工除草或选用适当的除草剂除草。

6.6.3 施肥

应根据试验地土壤肥力状况，适当施用底肥、追肥，以满足参试品种的需肥要求。

6.6.4 水分管理

应根据天气状况和土壤含水量，适时适量浇水，并保证每小区均匀灌溉。遇雨水过量应及时排涝。

6.6.5 病虫害防治

以防为主，生长期间应根据田间虫害和病害的发生情况，选择高效低毒的药剂适时防治。

7 田间观测记载

应对试验的基本情况和田间观测工作进行详细记载，观测项目与记载要求见附录A。

8 鲜草产量测定

8.1 鲜草产量包括当年第一次刈割的鲜草产量和再生鲜草产量。多年生牧草当年最后一次刈割应在其停止生长前的15 d～30 d进行。测产时应除去小区两侧边行及小区两头各50 cm的植株，余下面积作为计产面积。如遇特殊情况，每小区的测产面积应不少于4 m^2。应用感量0.1 kg的秤称量鲜草重量，小区测产以千克(kg)为称量单位，产量数据应保留2位小数。测定结果记入表1。

8.2 再生性好、可多次刈割用于青饲的矮秆牧草，在株高30 cm～50 cm时测产；再生性差、只刈割一次用于青贮或调制干草的矮秆牧草，一般在开花期至乳熟期测产。留茬高度一般为3 cm～5 cm。

8.3 再生性好、可多次刈割用于青饲的高秆牧草，在株高70 cm～120 cm时测产；再生性差、只刈割一次用于青贮或调制干草的高秆牧草，一般在抽穗期至蜡熟期测产。留茬高度一般为15 cm～20 cm。

表 1　草产量登记表

试验点：＿＿＿＿＿　草种名称：＿＿＿＿＿　测定年份：＿＿＿＿＿　观测人：＿＿＿＿＿

小区编号	参试品种编号	第一次刈割							第二次刈割							年累计产量 kg/100 m²	
		测产日期	生育期	株高 cm	计产面积 m²	鲜草重 kg	干鲜比 %	干草重 kg	测产日期	生育期	株高 cm	计产面积 m²	鲜草重 kg	干鲜比 %	干草重 kg	鲜草	干草
注：刈割次数超过 2 次者可续表填写。																	

9　干鲜比测定

9.1　取样

每次刈割测产后，从每小区随机取 250 g 左右完整枝条鲜草样，剪成 5 cm～10 cm 长草段。将同一品种 4 次重复的草样均匀混合，编号后称量样品鲜重。

9.2　干燥

在干燥的气候条件下，应将鲜草样装入布袋或尼龙纱袋挂置于通风避雨处晾干。干燥结束时间以相邻两次称重之差不超过 2.5 g 为准。在潮湿的气候条件下，应将鲜草样置于烘箱中干燥。在 60℃～65℃条件下烘干 12 h，取出放置于室内冷却回潮 24 h 后称重，然后再放入烘箱在 60℃～65℃条件下烘干 8 h，取出放置室内冷却回潮 24 h 后称重，比较两次称重之差。如称重之差超过 2.5 g，应再次进行烘干和回潮操作，直至相邻两次称重之差不超过 2.5 g 为止。

9.3　计算干鲜比

干鲜比＝样品干重/样品鲜重×100，单位为百分率(%)。样品鲜重、干重及干鲜比数据记入表 2。

表 2　干鲜比测定登记表

试 验 点：＿＿＿＿＿　草种名称：＿＿＿＿＿

测定年份：＿＿＿＿＿　测 定 人：＿＿＿＿＿

参试品种编号	取样日期	刈割茬次	样品鲜重，g	样品风/烘干重，g	干鲜比，%
注：取样日期以“日/月”标注。					

10 干草产量折算

干草产量=鲜草产量×干鲜比，结果记入表1。

11 茎叶比测定

每年第一次刈割测产时，从每小区随机取250 g左右完整枝条鲜草样。将同一品种4次重复的草样均匀混合后，将茎（含叶鞘）和叶（含穗）分开。按照9.2的要求干燥后称重，求百分比。测定结果记入表3。

表3 茎叶比测定登记表

试验点：__________ 草种名称：__________

测定日期：____年____月____日 测 定 人：__________

参试品种编号	茎叶总重（风/烘干），g	茎（风/烘干）		叶（风/烘干）	
		重量，g	占茎叶总重，%	重量，g	占茎叶总重，%

12 营养成分测定

12.1 取样

将试验品种测定完茎叶比后的两部分草样混合作为该品种营养成分测定样品。

12.2 测定

样品需测定水分、粗蛋白质、粗脂肪、粗纤维、中性洗涤纤维、酸性洗涤纤维、粗灰分、钙、总磷等含量。其中，水分含量测定按照GB/T 6435的规定执行，粗蛋白质含量测定按照GB/T 6432的规定执行，粗脂肪含量测定按照GB/T 6433的规定执行，粗纤维含量测定按照GB/T 6434的规定执行，中性洗涤纤维含量测定按照GB/T 20806的规定执行，酸性洗涤纤维含量测定按照NY/T 1459的规定执行，粗灰分含量测定按照GB/T 6438的规定执行，钙含量测定按照GB/T 6436的规定执行，总磷含量测定按照GB/T 6437的规定执行。

13 数据整理

13.1 汇总干草产量数据，填写表4和表5，验证干草产量数据准确性。

13.2 确认干草产量数据准确无误后，应对干草产量测定结果进行方差分析，并用新复极差法进行多重比较。

表4 各区组年累计干草产量汇总表

试 验 点：__________ 草种名称：__________

测定年份：__________ 统 计 人：__________

单位为千克每100平方米

参试品种编号	区组Ⅰ	区组Ⅱ	区组Ⅲ	区组Ⅳ	平均值
注1：年累计干草产量数据精确到2位小数。 注2：每个品种各区组的年累计干草产量为各茬次产量之和，各区组的平均值即代表该品种的干草产量。					

表 5 不同刈割茬次及年累计干草产量汇总表

试 验 点:＿＿＿＿＿＿ 草种名称:＿＿＿＿＿＿

测定年份:＿＿＿＿＿＿ 统 计 人:＿＿＿＿＿＿

单位为千克每 100 平方米

参试品种编号	第一茬	第二茬	第三茬	第四茬	第五茬	年累计产量
注:每个品种各茬次产量为所有重复的平均值。						

14 试验报废

有下列情形之一的试验组全部或部分报废:

——因不可抗拒因素(如自然灾害等)造成试验不能正常进行;

——同品种(系)缺苗率超过 20%的小区有 2 个或 2 个以上;

——草产量变异系数超过 20%;

——其他严重影响试验科学性情况。

15 试验报告

15.1 试验点报告

应包括草品种区域试验记载本(见附录 B)、表 1、表 2、表 3、表 4、表 5 和表 A.1、表 A.2。

15.2 区域试验组织单位汇总报告

应包括试验基本情况介绍、多年多点干草产量结果与分析、其他观测项目结果与分析等。

附 录 A
(规范性附录)
禾本科牧草区域试验田间观测项目与记载要求

A.1 基本情况的记载内容

A.1.1 试验地概况

主要包括地理位置、海拔、地形、坡度、坡向、土壤类型、土壤 pH、土壤养分(有机质、有效氮、有效磷、有效钾)、土壤盐分、地下水位、前茬作物、底肥及整地情况。

A.1.2 气象资料的记载内容

记载内容主要包括:试验点多年及当年的年降水量、年均温、最热月均温、最冷月均温、极端最高温度、极端最低温度、无霜期、初霜日、终霜日、年积温(≥0℃)、年有效积温(≥10℃)以及灾害天气等。

A.1.3 播种情况

播种时气温、春播时地下 5 cm 地温、播种期或移栽期、播种方法、株行距、播种量、播种深度、播种前后是否镇压等。

A.1.4 田间管理

包括查苗、补种、间苗、定苗、中耕、除草、灌溉、排水、追肥、防治病虫害等。

A.2 田间观测记载

A.2.1 田间观测记载项目

禾本科牧草区域试验田间观测记载项目见表 A.1。

A.2.2 田间观测记载说明

A.2.2.1 出苗(返青)期

50%的幼苗出土为出苗期(50%的植株返青为返青期)。

A.2.2.2 分蘖期

50%的幼苗在茎的基部茎节上生长侧芽 1 cm 以上为分蘖期。

A.2.2.3 拔节期

50%的植株的第一个节露出地面 1 cm~2 cm 为拔节期。

A.2.2.4 孕穗期

50%的植株出现剑叶为孕穗期。

A.2.2.5 抽穗期

50%的植株的穗顶由上部叶鞘伸出而显露于外时为抽穗期。

A.2.2.6 开花期

50%的植株开花为开花期。

A.2.2.7 成熟期

禾本科牧草成熟期是指 80%以上的种子成熟。禾本科饲料作物成熟期分为三个时期,即乳熟期、蜡熟期和完熟期。乳熟期是指 50%以上植株的籽粒内充满乳汁,并接近正常大小;蜡熟期是指 50%以上植株的籽粒接近正常,内呈蜡状;完熟期是指 80%以上的种子完全成熟。

A.2.2.8 生育天数

由出苗(返青)至种子成熟的天数。

A.2.2.9 **枯黄期**

50%的植株枯黄时为枯黄期。

A.2.2.10 **生长天数**

由出苗(返青)至枯黄期的天数。

A.2.2.11 **越冬(夏)率**

在同一区组的小区中随机选择有代表性的样段3处,每段长1 m。在越冬(夏)前后分别计数样段中植株数量,计算越冬(夏)率。越冬(夏)率单位为百分率(%)。

越冬(夏)率=越冬(夏)后样段内植株数/越冬(夏)前样段内植株数×100

A.2.2.12 **抗逆性和抗病虫性**

可根据小区内发生的寒、热、旱、涝、盐、碱、酸害和病虫害等具体情况加以记载。

A.2.2.13 **株高**

从地面至植株的最高部位(芒除外)的绝对高度为株高。每次刈割前,在每小区随机选测10株样株的株高,单位为厘米(cm),保留1位小数,并计算平均株高,观测数据记入表A.2。

表A.1 禾本科牧草田间观测记载表

试验点:________ 草种名称:________ 观测年份:________ 观测人:________

小区编号	参试品种编号	播种期	出苗期(返青期)	分蘖期	拔节期	孕穗期	抽穗期	抽穗期株高 cm	开花期	成熟期			完熟期株高 cm	生育天数 d	枯黄期	生长天数 d	越冬(夏)率 %	备注
										乳熟期	蜡熟期	完熟期						
注1:刈割后的物候期观测一般不再记载,如试验有特殊要求可增加1次重复专门用于物候期观测。 注2:物候期以“日/月”标注。																		

表A.2 株高观测记载表

试验点:______ 草种名称:______ 观测日期:____年__月__日 生育期:______ 刈割茬数:______ 观测人:______

小区编号	参试品种编号	观测值 cm										平均值 cm
		1	2	3	4	5	6	7	8	9	10	

附 录 B
（规范性附录）
草品种区域试验记载本基本内容的格式

草品种区域试验记载本

（20　　年）

试验组编号：________________________
草种名称：__________________________
承担单位：__________________________
负 责 人：__________________________
执 行 人：__________________________
地址及邮编：________________________
电　　话：__________________________
传　　真：__________________________
E-mail：____________________________
填表日期：__________________________

1. 试验地基本情况

地理位置____________,海拔____________ m,地形____________,坡向坡度____________,土壤类型____________,土壤 pH ____________,土壤养分(有机质、有效氮、有效磷、有效钾)______________________________,土壤盐分____________,地下水位____________,前茬作物____________,底肥____________,整地情况____,

备注:____________________________________。

2. 多年气象资料记载

年降水量____________ mm,年均温____________℃,最热月均温____________ ℃,最冷月均温____________℃,极端最高温度____________℃,极端最低温度____________℃,无霜期____________ d,初霜日____________,终霜日____________,年积温(≥0℃)____________℃,年有效积温(≥10℃)____________ ℃。

3. 当年气象资料记载

年降水量____________ mm,年均温____________℃,最热月均温____________℃,最冷月均温____________℃,极端最高温度____________℃,极端最低温度____________℃,无霜期____________ d,初霜期____________,终霜期____________,年积温(≥0℃)____________℃,年有效积温(≥10℃)____________ ℃,灾害性天气情况____________________________________。

注:若气象资料由当地气象站提供,需注明气象站的地理位置,经度____________,纬度____________,海拔____________ m。

4. 试验设计

参试品种(系)及编号____________,重复______次,小区面积______ m^2(m× m)。

5. 播种

播种日期:______月______日,播种方式______,日平均气温______℃,播种量:______ g/小区,行距______ cm,播种深度______ cm。

中耕除草(时间、方法、选用的除草剂等):____________________________________。

6. 田间工作记载

施肥(时间、施肥量、肥料和施肥方法):____________________________________。

灌溉(时间、灌溉方式、灌溉量):____。

病虫害防治(时间,病虫害种类,用药种类、剂量和方法):____________。

刈割时间:____________________________________,刈割______次。

其他需注明的田间工作:____。

7. 试验结果分析

8. 小区种植图(按比例绘制,并标明方向)

ICS 65.020.30
B 43

中华人民共和国农业行业标准

NY/T 2363—2013

奶牛热应激评价技术规范

Technical specification for heat stress of dairy cows

2013-05-20 发布　　2013-08-01 实施

中华人民共和国农业部 发布

前　　言

本标准按照 GB/T 1.1—2009 给出的规则起草。

本标准由农业部畜牧业司提出。

本标准由全国畜牧业标准化技术委员会(SAC/TC 274)归口。

本标准起草单位:中国农业科学院北京畜牧兽医研究所。

本标准主要起草人:王加启、郭同军、王建平、张养东、魏宏阳、卜登攀、胡菡、霍小凯、周凌云。

奶牛热应激评价技术规范

1 范围

本标准规定了奶牛热应激评价技术规范。

本标准适用于遭受不同程度热应激的成年健康荷斯坦奶牛。

2 规范性引用文件

下列文件对于本文件的应用是必不可少的。凡是注日期的引用文件，仅注日期的版本适用于本文件。凡是不注日期的引用文件，其最新版本(包括所有的修改单)适用于本文件。

GB/T 19022 测量管理体系 测量过程和测量设备的要求

3 术语和定义

下列术语和定义适用于本文件。

3.1

热应激 heat stress

机体应对高温高湿环境所产生的非特异性应答反应。

3.2

温湿度指数 temperature humidity index;THI

描述奶牛所处的环境条件，客观反应热应激程度的数值。

3.3

呼吸频率 respiratory frequency;RF

每分钟呼吸的次数。

3.4

直肠温度 rectal temperature; RT

体温计在直肠内停留 3 min～5 min 后测得的温度值。

3.5

等热区 thermoneutral zone

中立温度区

恒温动物依靠物理性调节维持体温正常的环境温度范围。

注：在该区内动物的基础代谢强度和产热量保持生理最低水平，是最适生产区。奶牛的等热区为 10℃～24℃。

4 测量用具

测量工具应符合 GB/T 19022 的要求。包括体温计、干湿球温湿度测量仪、计时秒表。

5 测量方法

5.1 测量牛群数量

如待测牛群数量小于 10 头，则全部测定；11 头～100 头牛群，随机抽测 10 头奶牛；100 头以上，应随机抽测牛群数量的 10%。

5.2 测量次数与时间点

每天至少测量3次，分别为一天中清晨温度最低的时候、中午温度最高的时候和晚间温度开始变凉的时候。具体测量时间点，可根据本地区气候条件适当调整。测量牛舍温度及湿度、直肠温度和呼吸频率，求平均温度及湿度、平均直肠温度和平均呼吸频率。

示例：

上海测量时间点为：6：00、14：00和22：00。

5.3 温湿度测量

干湿球温湿度测量仪应等距悬挂于牛舍内纵向居中、非太阳直晒处、与牛体等高的位置。一栋牛舍内应至少悬挂3处，求平均值。

5.4 呼吸频率测量

观察奶牛呼吸频率（腹部起伏次数），记录1 min内奶牛的呼吸次数，重复测定2次～3次，求平均值。

5.5 直肠温度测量

将体温计放置在奶牛直肠内并停留3 min～5 min，测得奶牛直肠温度。

6 牛舍环境温湿度指数计算方法

6.1 计算法

将测得的牛舍平均温度和平均湿度代入式（1）。

$$\mathrm{THI} = 0.81 \times T + (0.99 \times T - 14.3) \times R + 46.3 \qquad (1)$$

式中：

THI——牛舍环境温湿度指数；

T ——牛舍平均温度，单位为摄氏度（℃）；

R ——牛舍平均湿度，单位为百分率（%）。

6.2 查表法

将观测记录的牛舍平均温度和湿度代入表1，即可查得相应的温湿度指数。

表1 温湿度指数（THI）与奶牛热应激程度关系

牛舍温度	牛舍相对湿度，%																				
℃	0	5	10	15	20	25	30	35	40	45	50	55	60	65	70	75	80	85	90	95	100
24														72	72	73	73	74	74	75	75
25											72	72	73	73	74	74	75	75	76	76	77
26									72	73	73	74	74	75	75	76	77	77	78	78	79
27							72	73	73	74	74	75	76	76	77	77	78	79	79	80	81
28					72	72	73	74	74	75	76	76	77	78	78	79	80	80	81	82	82
29				72	73	73	74	75	76	76	77	78	78	79	80	81	81	82	83	83	84
30			72	73	74	74	75	76	77	78	78	79	80	81	81	82	83	84	84	85	86
31		72	73	74	75	76	76	77	78	79	80	80	81	82	83	84	85	85	86	87	88
32	72	73	74	75	76	77	77	78	79	80	81	82	83	84	84	85	86	87	88	89	90
33	73	74	75	76	77	78	79	79	80	81	82	83	84	85	86	87	88	89	90	90	91
34	74	75	76	77	78	79	80	81	82	83	84	84	85	86	87	88	89	90	91	92	93
35	75	76	77	78	79	80	81	82	83	84	85	86	87	88	89	90	91	92	93	94	95
36	75	77	78	79	80	81	82	83	84	85	86	87	88	89	90	91	93	94	95	96	97
37	76	77	79	80	81	82	83	84	85	86	87	89	90	91	92	93	94	95	96	97	99
38	77	78	79	80	82	83	84	85	86	87	88	90	91	92	93	94	95	97	98	99	
39	78	79	80	82	83	84	85	86	88	89	90	91	92	94	95	96	97	99			
40	79	80	81	82	84	85	86	88	89	90	91	93	94	95	96	98	99				

表 1（续）

牛舍温度℃	牛舍相对湿度，%																				
	0	5	10	15	20	25	30	35	40	45	50	55	60	65	70	75	80	85	90	95	100
41	80	81	82	83	85	86	87	89	90	91	93	94	95	97	98	99					
42	80	82	83	84	86	87	89	90	91	93	94	95	97	98	99						
43	81	83	84	85	87	88	90	91	92	94	95	97									
44	82	83	85	86	88	89	91	92	94	95	97	98									
45	83	84	86	87	89	90	92	93	95	96	98	99									
46	84	85	87	88	90	91	93	94	96	98	99										
47	84	86	88	89	91	92	94	96	97	99							轻度热应激				
48	85	87	89	90	92	93	95	97	98								中度热应激				
49	86	88	89	91	93	95	96	98									高度热应激				

7 奶牛热应激评价方法

7.1 按牛舍环境温湿度指数评价

牛舍环境平均温湿度指数处于 72≤THI≤79 时，奶牛处于轻度热应激状态；平均温湿度指数处于 79＜THI≤88 时，奶牛处于中度热应激状态；平均温湿指数＞88 时，奶牛处于高度热应激状态。

7.2 按呼吸频率评价

奶牛在正常情况下呼吸频率约为 20 次/min。平均呼吸频率为 50 次/min～79 次/min 时，奶牛处于轻度热应激状态；平均呼吸频率为 80 次/min～119 次/min 时，奶牛处于中度热应激状态；平均呼吸频率为 120 次/min～160 次/min 时，奶牛处于高度热应激状态。

7.3 按直肠温度评价

奶牛正常直肠温度为 38.3℃～38.7℃。平均直肠温度处于 39.4℃≤RT＜39.6℃时，奶牛处于轻度热应激状态；平均直肠温度处于 39.6℃≤RT＜40.0℃时，奶牛处于中度热应激状态；平均直肠温度≥40℃时，奶牛处于高度热应激状态。

7.4 评价方法选择

评价奶牛群体热应激程度，宜用温湿度指数评定；重点观测个体奶牛或小群体奶牛，宜用呼吸频率或直肠温度评定。

ICS 65.140
B 47

中华人民共和国农业行业标准

NY/T 2364—2013

蜜蜂种质资源评价规范

Specification for honeybee genetic resources evaluating

2013-05-20 发布　　2013-08-01 实施

中华人民共和国农业部 发布

前　言

本标准按照 GB/T 1.1—2009 给出的规则起草。

本标准由农业部畜牧业司提出。

本标准由全国畜牧业标准化技术委员会(SAC/TC 274)归口。

本标准起草单位:中国农业科学院蜜蜂研究所。

本标准主要起草人:石巍、丁桂玲、吕丽萍、刘之光。

蜜蜂种质资源评价规范

1 范围

本标准规定了蜜蜂种质资源的评价指标和要求。

本标准适用于蜜蜂遗传资源的鉴定和培育的蜜蜂新品种、新品系、配套系的审定。

2 术语和定义

下列术语和定义适用于本文件。

2.1

蜜蜂种质资源 honeybee genetic resources

蜜蜂的品种、品系、配套系和遗传资源的统称。

2.2

蜜蜂新品种 honeybee new varieties

具有一定群体规模，由2个或2个以上地理亚种作育种素材，杂交、横交固定后，至少经过15个世代的连续选育，育出的某些性状不同于育种素材，工蜂形态特征相对一致，遗传性比较一致和稳定，主要性状无明显差异，有适当命名的新类型蜜蜂。

2.3

蜜蜂新品系 honeybee new strains

具有一定群体规模，由1个地理亚种作育种素材，至少经过10个世代的连续选育，育出的某些性状不同于该育种素材的新类型，能够稳定遗传。

2.4

蜜蜂配套系 honeybee bred lines

近交系数在0.5以上并经配合力测定筛选出固定杂交模式的2个或2个以上的近交系。

2.5

蜜蜂遗传资源 honeybee genetic diversities

具有一定群体规模，初始蜂种来源及血统构成基本清楚，分布于某一特定的生态条件下，分布区域相对连续，与所在地自然生态环境、文化及历史渊源有较密切的联系，未与其他品种、品系杂交，形态特征相对一致，主要性状稳定。

3 评价指标

3.1 生物学特性

产育力、群势增长率、分蜂性、抗病力和抗逆性。

3.2 经济性状

采蜜力、采粉力、产浆力、采胶力、产蜡力和产毒力。

3.3 形态特征

3.3.1 工蜂

吻长、前翅长、前翅宽、肘脉指数、翅脉角角度、后翅钩数、第三背板长、第四背板长，后足股节长、后足胫节长、后足基跗节长、后足基跗节宽、第三腹板长、第三腹板蜡镜长、第三腹板蜡镜斜长、第三腹板蜡镜间距离、第四背板绒毛带宽度、第四背板绒毛带至背板后缘的宽度、第五背板覆毛长度、第六腹板长、第六腹板宽、第二背板色度、第三背板色度、第四背板色度、小盾片色度、上唇色度及唇基色度。

3.3.2 蜂王

体色、体长和初生重。

4 评价要求

4.1 生物学特性

与本蜜蜂品种、品系、配套系和遗传资源相关的生物学特性评价应至少连续开展2年,每年不少于20群。

4.2 经济性状

与本蜜蜂品种、品系和遗传资源相关的经济性状评价应至少连续开展2年,每年不少于20群;蜜蜂配套系在进行配合力测定时,各个杂交组合的蜂群数量应不少于20群。

4.3 形态特征

4.3.1 蜜蜂新品种、蜜蜂新品系

应至少测定本蜜蜂品种、蜜蜂品系的2个世代,每世代20群,每群不少于15只工蜂个体。

4.3.2 蜜蜂配套系

应至少测定各近交系的2个世代,每世代各5群,杂交一代20群,每群不少于15只工蜂个体。

4.3.3 蜜蜂遗传资源

应至少测定本遗传资源的2个世代,每世代100群,每群不少于15只工蜂个体。

5 蜜蜂新品种、新品系、配套系审定条件

5.1 基本条件

5.1.1 蜜蜂新品种、新品系、配套系和其他蜜蜂品种、品系和配套系相比有明显差异。

5.1.2 育种素材来源及血统构成基本清楚,有明确的育种方案,种蜂王档案、系谱、育王记录、形态特征、生物学特性和经济性状数据等技术资料齐全。

5.1.3 种蜂王交配应采用人工授精或者在隔离区内进行自然交尾,其隔离半径:山区至少12 km,其他地区至少16 km。

5.1.4 经中间试验,蜂产品产量或品质有明显提高,产育力和抗病力等方面有一项或者多项性状突出。

5.1.5 提供由具有法定资质的蜜蜂及其产品质量检测机构近2年出具的检测结果。

5.1.6 健康水平符合有关规定。

5.2 数量条件

5.2.1 蜜蜂新品种、新品系的种蜂群应有100群以上,中试种蜂王3 000只以上。

5.2.2 蜜蜂配套系至少由2个近交系组成,每个近交系应保持10群以上,中试杂交配套蜂群3 000群以上。

6 蜜蜂遗传资源鉴定条件

6.1 基本要求

提供遗传资源分布区示意图;分布区的经纬度、地形特征、海拔、气候特点、蜜源植物及其花期、主要敌害等生态环境资料。

6.2 数量要求

种群数量5 000群以上。

ICS 65.040
P 04

中华人民共和国农业行业标准

NY/T 2443—2013

种畜禽性能测定中心建设标准　奶牛

Construction standards for breeding livestock performance test center—Dairy cow

2013-09-10 发布　　2014-01-01 实施

中华人民共和国农业部　发布

前　言

本标准按照GB/T 1.1—2009给出的规则起草。本标准符合NY/T 2081—2011《农业工程项目建设标准编制规范》的要求。

本标准由农业部发展计划司提出。

本标准由农业部农产品质量安全监管局归口。

本标准起草单位:农业部工程建设服务中心、中国农业大学。

本标准主要起草人:施正香、俞宏军、颜志辉、陈宇、杨红、李硕、邓书辉、王朝元、李保明、李浩。

种畜禽性能测定中心建设标准　奶牛

1　范围

本标准规定了奶牛生产性能测定中心建设规模、工作流程与设备、建设内容、选址与布局、建筑工程、项目建设投资指标、项目建设工期和劳动定员等要求。

本标准适用于奶牛生产性能测定中心的建设，其他乳品参数测试实验室可参照执行。

2　规范性引用文件

下列文件对于本文件的应用是必不可少的。凡是注日期的引用文件，仅注日期的版本适用于本文件。凡是不注日期的引用文件，其最新版本(包括所有的修改单)适用于本文件。

GB 5749—2006　生活饮用水卫生标准

GB 8978—1996　污水综合排放标准

GB 50016　建筑设计防火规范

GB 50073　洁净厂房设计规范

GB 50189　公共建筑节能设计标准

JGJ 91—1993　科学实验室建筑设计规范

NY/T 800—2004　生鲜牛乳中体细胞测定方法

NY/T 1450—2007　中国荷斯坦牛生产性能测定技术规范

3　术语和定义

下列术语和定义适用于本文件。

3.1

奶牛生产性能测定　dairy herd improvement

按照中国荷斯坦牛生产性能测定技术规范对泌乳牛泌乳性能及乳成分的测定。

4　建设规模

4.1　奶牛生产性能测定中心建设规模，应视国家制订的奶牛良种繁育体系总体规划布局和品种繁育体系结构的需要，以及周边地区奶牛生产情况和社会经济发展状况等合理确定。

4.2　奶牛生产性能测定中心规模按每天 1 500 个样品，可服务奶牛规模为每年 3 万头。

5　工作流程与设备

5.1　工作流程

测定中心工作流程如图 1 所示。

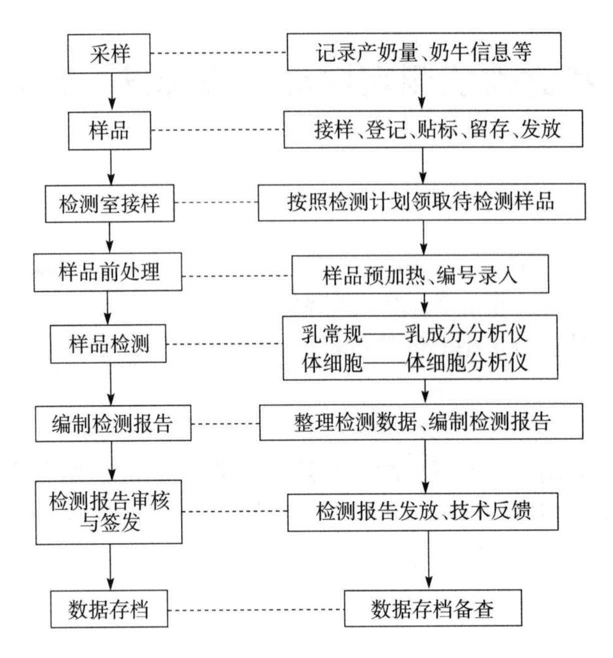

图 1　奶牛生产性能测定中心工作流程图

5.2　设备配置基本原则

满足测定工艺要求，先进适用、性能可靠、安全卫生，自动化程度高。

5.3　基本设备配置

5.3.1　采样设备

5.3.1.1　配置专用流量计、采样瓶、样品架和样品运输箱等。

5.3.1.2　奶样运输车：用于样品采集后的运输，需配置车载冷藏装置，冷藏体积 200 L。

5.3.2　主要测定设备

5.3.2.1　乳成分分析仪

用于乳成分测定，满足 NY/T 1450 中规定的仪器设备要求。

5.3.2.2　体细胞分析仪

用于体细胞检测，满足 NY/T 800 中的仪器设备要求。

5.3.2.3　高效液相色谱仪

用于样品抗生素等的分析。

5.3.2.4　光学显微镜

用于校正样品中体细胞数，放大倍数不小于 400 倍。

5.3.3　其他设备

5.3.3.1　样品冷藏设备

用于存放样品，4℃冷藏冰箱，总容积为 1 000 L。

5.3.3.2　水净化装置

用于试验用水净化，达到超纯水标准，净化能力不小于 1.5 L/min。

5.3.3.3　废弃样品收集处理装置

用于废液及乳样的收集处置，容积不小于 300 L。

5.4　主要设备技术参数

应符合 NY/T 1450 中关于牛乳中各个指标测定所需的设备要求。

奶牛生产性能测定中心的设备配置见表 1。

表 1 奶牛生产性能测定中心仪器设备配置

设备名称		规格/要求	数量(台、套)	备 注
一、采样装置	流量计	能够准确测定产奶量,并均匀地分出奶样	若干	
	采样瓶	50 mL	若干	
	样品架	可自制样品瓶架,一般 50 个/架	若干	
	样品运输箱	具有 4℃冷藏功能	1	
二、仪器设备	恒温水浴箱	根据采样架及测样速度确定,温度范围为(42±1)℃	2	
	乳成分分析仪	检测脂肪、蛋白质、乳糖、总干物质、非脂乳固体、尿素氮等组分,检测能力为每小时 200 个~400 个样品	2	
	体细胞分析仪	流式细胞计数为基础的准确测量,检测能力为每小时 200 个~600 个样品	2	
	菌落计数器	标准培养皿尺寸,光学 3 级放大 1×,5×,10×	1	
	光学显微镜	目镜×物镜放大倍数≥400 倍	1	
	生物安全柜	工作尺寸 1 000 mm×600 mm×640 mm,2×20 W 照明灯,20 W 紫外灯,波长 254 nm	1	可选
	超净工作台	工作尺寸 1 000 mm×700 mm×620 mm,洁净度:100 级	1	可选
	生化培养箱	控温范围为 4℃~60℃,温度分辨率为 0.1℃,内胆尺寸(mm)$W \times D \times H = 600 \times 700 \times 1\,200$	1	可选
	离心机	最大转速 13 500 r/min	1	可选
	高压灭菌锅	温度为 109℃~135℃,灭菌时间为 4 min~120 min,工作压力为 0.22 MPa~0.25 MPa	1	可选
	凯氏定氮仪	普通样品测试为 3 min/个~8 min/个,范围为 0.1 mg~280 mg 氮	1	可选
	脂肪测定仪	测量范围为 0.1%~100%,溶剂为 70 mL~90 mL,温度 0℃~285℃	1	可选
	高效液相色谱仪	压力可达 150 kg/cm^2~300 kg/cm^2,色谱柱每米降压为 75 kg/cm^{2}以上,流速为 0.1 mL/min~10.0 mL/min,塔板数可达 5 000 个/m,在一根柱中同时分离成分可达 100 种	1	可选
	消化炉	控温范围:室温至 500℃,控温精度为±1℃	1	可选
	电子天平	最大量程为 210 g,分度值为 0.1 mg	1	可选
三、附属设备	水净化装置	出水量为 1.5 L/min,TOC<4×10^{-9},颗粒<1 个,微生物<1 CFU/mL	1	
	废弃样品收集处理装置	废弃物经过处理后应达到有关排放标准	1	
	管理及信息处理设备	满足信息处理、存储及信息安全要求,计算机、打印机、复印机等	若干	
四、奶样运输车		满足采样人员及样品运输需要,车型为面包车	1	

6 建设内容

奶牛生产性能测定中心建设内容应包括检测实验室、业务用房和配套工程设施等。

6.1 检测实验室

检测实验室包括接样室、样品冷藏室、样品前处理室、乳成分及体细胞检测室、微生物实验室、综合检测室、液相色谱室、消化室、洗涤间、试剂储藏间和附属设施等。

6.1.1 接样室

用于接收样品。

6.1.2 样品冷藏室

用于存放样品。配置冰箱、样品柜等。测定样品数量较多的,可单独配置样品冷库,配置制冷机。

6.1.3 样品前处理室

用于样品测试前的预处理。配置操作台和恒温水浴箱。

6.1.4 乳成分及体细胞检测室

用于乳成分及体细胞的检测。配置乳成分分析仪、体细胞计数仪和恒温水浴箱等设备。

6.1.5 微生物实验室

用于开展乳样细菌检测、培养、分离。配置生物安全柜、超净工作台、生化培养箱、离心机、高压灭菌锅和光学显微镜等设备。

6.1.6 综合实验室

用于乳脂率、乳蛋白率、乳糖和尿素氮等项目的检测及其他常规化学分析。配置凯氏定氮仪、索氏浸提脂肪测定仪等设备。

6.1.7 液相色谱室

用于乳中抗生素、铅、镉等分析检测。配置高效液相色谱仪等设备。

6.1.8 消化室

用于测定样品消化处理及其他挥发性、有毒有害成分处理。配置通风橱和消化炉等设备。

6.1.9 洗涤间

用于清洗、消毒、晾干采样瓶。配置热水器、消毒装置、超声波清洗装置、晾晒架、洗涤池、废液收集处理装置等。

6.1.10 试剂贮藏间

用于存放检测工作中相关的各种化学药品、试剂。

6.1.11 库房等

包括库房和维修间等。

6.2 业务用房

包括业务室、档案室、会商室、更衣室及卫生间等。布局时,应与检测实验室隔开,也可与已有的其他实验室共用。

6.3 配套工程设施

包括供电、给排水、供热和通讯信息工程等,占地面积在建筑面积中考虑。

6.4 各类建(构)筑物主要技术指标

6.4.1 主要建筑物面积指标见表2。

表2 奶牛生产性能测定中心各功能实验室面积指标

序号	名 称	使用面积,m^2	备 注
1	接样室	10～20	接样人员工作间
2	样品冷藏室	20～30	
3	样品前处理室	15～20	
4	乳成分及体细胞检测室	50～60	
5	微生物实验室	15～20	
6	综合实验室	30～45	
7	液相色谱室	20～30	
8	消化室	15～20	
9	洗涤间	30～40	
10	试剂储藏间	10～15	
11	库房	15～20	放置采样瓶、奶格子和流量计等
12	更衣室及卫生间	20～30	配置热水器

表 2（续）

序号	名　称	使用面积，m^2	备　注
13	档案室	15～20	配置档案架，档案存贮及查阅
14	业务室	60～80	用于管理及检测人员办公和数据处理
15	会商室	25～30	
合　计		350～480	建筑面积 450 m^2～600 m^2

6.4.2 样品贮藏室、洗涤室、乳成分分析室等应根据其服务区域奶牛数量、检测频率、设备配置数量等需要适当增减。

7 选址与布局

7.1 选址

7.1.1 奶牛生产性能测定中心距离公共场所和居住建筑至少 50 m。

7.1.2 设在奶牛场的测试实验室，宜与其他用房合并建设。

7.2 实验室布局

接样室应靠近中心入口，样品冷藏室应紧邻接样室，其他检测实验室应根据性能检测中心工艺流程布置。办公区与检测区域应隔开，设置专门处理废弃物的区域。

7.3 防疫

7.3.1 奶牛生产性能测定中心应独立建设，与其他畜禽场距离 3 km 以上。

7.3.2 设在奶牛场的奶牛生产性能测定中心，应符合奶牛场建设防疫规范的要求。

8 建筑工程

8.1 建筑结构形式、结构设计使用年限、抗震设防标准

应按照 JGJ 91 规定的通用实验室要求进行设计和建设。建筑物结构形式宜采用现浇钢筋砼框架或砖混结构，结构设计使用年限为 50 年，建筑结构的安全等级为二级，抗震设防类别应为标准设防类（简称丙类），建筑物耐火等级不宜低于二级。

8.2 节能

建筑节能设计应符合 GB 50189 或当地公共建筑节能设计标准的要求。

8.3 供电

8.3.1 用电电压为 220 V/380 V，电力负荷等级为三级。不能保证正常供电时，应配置自备电源。

8.3.2 实验室仪器设备供电应单独布线，并配置稳压器。

8.4 给排水

8.4.1 供水可采用市政自来水，应符合 GB 5749 的规定。

8.4.2 供水管道应设置倒流防止器。防倒流装置应设在清洁区。

8.4.3 检测后的奶样应经过无害化处理后排入排水系统，并应符合 GB 8978 的规定。

8.5 通讯

应配置局域网、通讯等设备。

8.6 采暖及通风

8.6.1 检测实验室环境温度以 18℃～27℃、相对湿度以 30%～70%为宜。

8.6.2 微生物实验室应根据洁净实验室的要求配置空调净化系统，空气洁净度等级（N）按 GB 50073 要求的 5 级设计。

8.7 消防

防火设计应符合 GB 50016 等相关标准的规定。

9 项目建设投资指标

9.1 项目投资构成

奶牛生产性能测定中心建设项目包括实验室建筑安装工程、仪器设备购置安装以及工程建设其他费和预备费。项目投资构成应包括表 3 规定的全部内容。

表 3 奶牛生产性能测定中心投资估算指标

<table>
<tr><th colspan="2">建设内容</th><th>工程量</th><th>投资指标,元/m²</th><th>单项投资额,万元</th><th>备 注</th></tr>
<tr><td rowspan="7">一、实验室建筑安装工程</td><td>土建工程</td><td>450 m²～600 m²</td><td>1 500～2 000</td><td>70～120</td><td></td></tr>
<tr><td>装修工程</td><td>450 m²～600 m²</td><td>500～1 000</td><td>25～60</td><td></td></tr>
<tr><td>给排水工程</td><td>450 m²～600 m²</td><td>150～200</td><td>7～12</td><td>包括卫生洁具、实验室给排水、水暖设备等</td></tr>
<tr><td>通风空调工程</td><td>450 m²～600 m²</td><td>100～300</td><td>5～18</td><td>按照分体立式或挂式空调估算</td></tr>
<tr><td>电气工程</td><td>450 m²～600 m²</td><td>180～300</td><td>8～18</td><td>包括配电、照明、网络综合布线等</td></tr>
<tr><td>微生物室</td><td>15 m²～20 m²</td><td>3 000～4 000</td><td>5～8</td><td></td></tr>
<tr><td>累计</td><td></td><td></td><td>120～236</td><td></td></tr>
<tr><td rowspan="5">二、仪器设备购置</td><td>采样设备</td><td>200 台套</td><td></td><td>15.0～20.0</td><td></td></tr>
<tr><td>性能测定设备</td><td>2 台套～4 台套</td><td></td><td>200.0～250.0</td><td></td></tr>
<tr><td>附属仪器设备</td><td>5 台套～8 台套</td><td></td><td>100.0～150.0</td><td></td></tr>
<tr><td>奶样运输车</td><td>1 辆</td><td></td><td>15.0～25.0</td><td></td></tr>
<tr><td>累计</td><td></td><td></td><td>330.0～445.0</td><td></td></tr>
<tr><td colspan="2">三、工程建设其他费</td><td></td><td></td><td>12～24</td><td>建安工程的 10%</td></tr>
<tr><td colspan="2">四、预备费</td><td></td><td></td><td>24～35</td><td>前三项的 5%</td></tr>
<tr><td colspan="2">合计</td><td></td><td></td><td>490～740</td><td></td></tr>
</table>

9.2 项目总投资

按 2011 年价格测算,项目总投资为 490 万元～740 万元,详细投资应根据工程设计资料、当时当地工程造价水平和仪器设备购置价格等多方面因素进行测算。

10 项目建设工期、劳动定员及其他

10.1 奶牛生产性能测定中心建设总工期不应超过 1 年。

10.2 检测中心负责人应具有高级技术职称,检测人员应取得资格认证。

10.3 奶牛生产性能测定中心劳动定员按表 4 所列指标控制。

表 4 奶牛生产性能测定中心劳动定员指标

项目	管理人员	技术人员	合计
定员指标	2	6	8

第二部分

兽 医 类 标 准

ICS 11.220
B 42

中华人民共和国农业行业标准

NY/T 472—2013
代替 NY/T 472—2006

绿色食品　兽药使用准则

Green food—Veterinary drug application guideline

2013-12-13 发布　　2014-04-01 实施

中华人民共和国农业部　发布

前　言

本标准按照GB/T 1.1—2009给出的规则起草。

本标准代替NY/T 472—2006《绿色食品　兽药使用准则》，与NY/T 472—2006相比，除编辑性修改外主要技术变化如下：

——删除了最高残留限量的定义，补充了泌乳期、执业兽医等术语和定义；

——修改完善了可使用的兽药种类，补充了2006年以来农业部发布的相关禁用药物；

——补充产蛋期和泌乳期不应使用的兽药，增强了标准的可操作性、实用性。

本标准由农业部农产品质量安全监管局提出。

本标准由中国绿色食品发展中心归口。

本标准起草单位：农业部动物及动物产品卫生质量监督检验测试中心、中国兽医药品监察所、中国农业大学、中国绿色食品发展中心。

本标准主要起草人：赵思俊、曲志娜、江海洋、徐士新、王娟、陈倩、汪霞、曹旭敏、洪军、王君玮、王玉东、张侨、郑增忍。

本标准的历次版本发布情况为：

——NY/T 472—2001、NY/T 472—2006。

引　言

绿色食品是指产自优良生态环境、按照绿色食品标准生产、实行全程质量控制并获得绿色食品标志使用权的安全、优质食用农产品及相关产品。鉴于食品安全和生态环境两方面影响因素，在动物性绿色食品生产中应制定兽药使用的规范和要求。

NY/T 472标准根据《兽药管理条例》、《中华人民共和国兽药典》、《兽药质量标准》、《进口兽药质量标准》等国家法规和标准，结合绿色食品"安全、优质"的特性和要求，对动物性绿色食品生产中兽药使用的基本原则、使用原则和使用的品种、方法等进行了严格规定，为规范绿色食品兽药使用，提高动物性绿色食品安全水平发挥了重要作用。但随着国家和公众对食品安全要求的提高以及畜禽养殖技术水平、规模和使用兽药的种类、使用方法等都发生了较大的变化，急需对原标准进行修订完善。

本次修订在遵循现有国家法律法规和食品安全国家标准的基础上，突出强调绿色食品生产中要加强饲养管理，采取各种措施以减少应激，增强动物自身的抗病力，尽量不用或少用兽药；同时在国家批准使用兽药种类基础上进行筛选和限定，结合绿色食品养殖企业生产情况，在既保证不影响畜禽疾病防治，又能提升动物性绿色食品质量安全的前提下，确定了生产绿色食品可使用和不应使用的兽药种类。修订后的NY/T 472对绿色食品畜禽产品生产和管理更有指导意义。

绿色食品 兽药使用准则

1 范围

本标准规定了绿色食品生产中兽药使用的术语和定义、基本原则、生产 AA 级和 A 级绿色食品的兽药使用原则。

本标准适用于绿色食品畜禽及其产品的生产与管理。

2 规范性引用文件

下列文件对于本文件的应用是必不可少的。凡是注日期的引用文件,仅注日期的版本适用于本文件。凡是不注日期的引用文件,其最新版本(包括所有的修改单)适用于本文件。

GB/T 19630.1 有机产品 第1部分:生产

NY/T 391 绿色食品 产地环境质量

兽药管理条例

畜禽标识和养殖档案管理办法

中华人民共和国动物防疫法

中华人民共和国农业部 中华人民共和国兽药典

中华人民共和国农业部 兽药质量标准

中华人民共和国农业部 兽用生物制品质量标准

中华人民共和国农业部 进口兽药质量标准

中华人民共和国农业部公告 第235号 动物性食品中兽药最高残留限量

中华人民共和国农业部公告 第278号 兽药停药期规定

3 术语和定义

下列术语和定义适用于本文件。

3.1

AA 级绿色食品 AA grade green food

产地环境质量符合 NY/T 391 的要求,遵照绿色食品生产标准生产,生产过程中遵循自然规律和生态学原理,协调种植业和养殖业的平衡,不使用化学合成的肥料、农药、兽药、渔药、添加剂等物质,产品质量符合绿色食品产品标准,经专门机构许可使用绿色食品标志的产品。

3.2

A 级绿色食品 A grade green food

产地环境质量符合 NY/T 391 的要求,遵照绿色食品生产标准生产,生产过程中遵循自然规律和生态学原理,协调种植业和养殖业的平衡,限量使用限定的化学合成生产资料,产品质量符合绿色食品产品标准,经专门机构许可使用绿色食品标志的产品。

3.3

兽药 veterinary drug

用于预防、治疗、诊断动物疾病,或者有目的地调节动物生理机能的物质。包括化学药品、抗生素、中药材、中成药、生化药品、血清制品、疫苗、诊断制品、微生态制剂、放射性药品、外用杀虫剂和消毒剂等。

3.4

微生态制剂　probiotics

运用微生态学原理，利用对宿主有益的微生物及其代谢产物，经特殊工艺将一种或多种微生物制成的制剂。包括植物乳杆菌、枯草芽孢杆菌、乳酸菌、双歧杆菌、肠球菌和酵母菌等。

3.5

消毒剂　disinfectant

用于杀灭传播媒介上病原微生物的制剂。

3.6

产蛋期　egg producing period

禽从产第一枚蛋至产蛋周期结束的持续时间。

3.7

泌乳期　duration of lactation

乳畜每一胎次开始泌乳到停止泌乳的持续时间。

3.8

休药期　withdrawal time; withholding time

停药期

从畜禽停止用药到允许屠宰或其产品(乳、蛋)许可上市的间隔时间。

3.9

执业兽医　licensed veterinarian

具备兽医相关技能，取得国家执业兽医统一考试或授权具有兽医执业资格，依法从事动物诊疗和动物保健等经营活动的人员。包括执业兽医师、执业助理兽医师和乡村兽医。

4　基本原则

4.1　生产者应供给动物充足的营养，应按照 NY/T 391 提供良好的饲养环境，加强饲养管理，采取各种措施以减少应激，增强动物自身的抗病力。

4.2　应按《中华人民共和国动物防疫法》的规定进行动物疾病的防治，在养殖过程中尽量不用或少用药物；确需使用兽药时，应在执业兽医指导下进行。

4.3　所用兽药应来自取得生产许可证和产品批准文号的生产企业，或者取得进口兽药登记许可证的供应商。

4.4　兽药的质量应符合《中华人民共和国兽药典》、《兽药质量标准》、《兽用生物制品质量标准》、《进口兽药质量标准》的规定。

4.5　兽药的使用应符合《兽药管理条例》和《兽药停药期规定》等有关规定，建立用药记录。

5　生产 AA 级绿色食品的兽药使用原则

按 GB/T 19630.1 的规定执行。

6　生产 A 级绿色食品的兽药使用原则

6.1　可使用的兽药种类

6.1.1　优先使用第 5 章中生产 AA 级绿色食品所规定的兽药。

6.1.2　优先使用《动物性食品中兽药最高残留限量》中无最高残留限量(MRLs)要求或《兽药停药期规定》中无休药期要求的兽药。

6.1.3　可使用国务院兽医行政管理部门批准的微生态制剂、中药制剂和生物制品。

6.1.4 可使用高效、低毒和对环境污染低的消毒剂。

6.1.5 可使用附录A以外且国家许可的抗菌药、抗寄生虫药及其他兽药。

6.2 不应使用药物种类

6.2.1 不应使用附录A中的药物以及国家规定的其他禁止在畜禽养殖过程中使用的药物;产蛋期和泌乳期还不应使用附录B中的兽药。

6.2.2 不应使用药物饲料添加剂。

6.2.3 不应使用酚类消毒剂,产蛋期不应使用酚类和醛类消毒剂。

6.2.4 不应为了促进畜禽生长而使用抗菌药物、抗寄生虫药、激素或其他生长促进剂。

6.2.5 不应使用基因工程方法生产的兽药。

6.3 兽药使用记录

6.3.1 应符合《畜禽标识和养殖档案管理办法》规定的记录要求。

6.3.2 应建立兽药入库、出库记录,记录内容包括药物的商品名称、通用名称、主要成分、生产单位、批号、有效期、贮存条件等。

6.3.3 应建立兽药使用记录,包括消毒记录、动物免疫记录和患病动物诊疗记录等。其中,消毒记录内容包括消毒剂名称、剂量、消毒方式、消毒时间等;动物免疫记录内容包括疫苗名称、剂量、使用方法、使用时间等;患病动物诊疗记录内容包括发病时间、症状、诊断结论以及所用的药物名称、剂量、使用方法、使用时间等。

6.3.4 所有记录资料应在畜禽及其产品上市后保存2年以上。

附 录 A
（规范性附录）
生产 A 级绿色食品不应使用的药物

生产 A 级绿色食品不应使用表 A.1 所列的药物。

表 A.1 生产 A 级绿色食品不应使用的药物目录

序号	种 类		药物名称	用 途
1	β-受体激动剂类		克仑特罗(clenbuterol)、沙丁胺醇(salbutamol)、莱克多巴胺(ractopamine)、西马特罗(cimaterol)、特布他林(terbutaline)、多巴胺(dopamine)、班布特罗(bambuterol)、齐帕特罗(zilpaterol)、氯丙那林(clorprenaline)、马布特罗(mabuterol)、西布特罗(cimbuterol)、溴布特罗(brombuterol)、阿福特罗(arformoterol)、福莫特罗(formoterol)、苯乙醇胺 A(phenylethanolamine A)及其盐、酯及制剂	所有用途
2	激素类	性激素类	己烯雌酚(diethylstilbestrol)、己烷雌酚(hexestrol)及其盐、酯及制剂	所有用途
			甲基睾丸酮(methyltestosterone)、丙酸睾酮(testosterone propionate)、苯丙酸诺龙 (nandrolone phenylpropionate)、雌二醇(estradiol)、戊酸雌二醇(estradiol valcrate)、苯甲酸雌二醇(estradiol benzoate)及其盐、酯及制剂	促生长
		具雌激素样作用的物质	玉米赤霉醇类药物(zeranol)、去甲雄三烯醇酮(trenbolone)、醋酸甲孕酮(mengestrol acetate)及制剂	所有用途
3	催眠、镇静类		安眠酮(methaqualone)及制剂	所有用途
			氯丙嗪(chlorpromazine)、地西泮(安定,diazepam)及其盐、酯及制剂	促生长
4	抗菌药类	氨苯砜	氨苯砜(dapsone)及制剂	所有用途
		酰胺醇类	氯霉素(chloramphenicol)及其盐、酯[包括琥珀氯霉素(chloramphenicol succinate)]及制剂	所有用途
		硝基呋喃类	呋喃唑酮(furazolidone)、呋喃西林(furacillin)、呋喃妥因(nitrofurantoin)、呋喃它酮(furaltadone)、呋喃苯烯酸钠(nifurstyrenate sodium)及制剂	所有用途
		硝基化合物	硝基酚钠(sodium nitrophenolate)、硝呋烯腙(nitrovin)及制剂	所有用途
		磺胺类及其增效剂	磺胺噻唑(sulfathiazole)、磺胺嘧啶(sulfadiazine)、磺胺二甲嘧啶(sulfadimidine)、磺胺甲噁唑(sulfamethoxazole)、磺胺对甲氧嘧啶(sulfamethoxydiazine)、磺胺间甲氧嘧啶(sulfamonomethoxine)、磺胺地索辛(sulfadimethoxine)、磺胺喹噁啉(sulfaquinoxaline)、三甲氧苄氨嘧啶(trimethoprim)及其盐和制剂	所有用途
		喹诺酮类	诺氟沙星(norfloxacin)、氧氟沙星(ofloxacin)、培氟沙星(pefloxacin)、洛美沙星(lomefloxacin)及其盐和制剂	所有用途
		喹噁啉类	卡巴氧(carbadox)、喹乙醇(olaquindox)、喹烯酮(quinocetone)、乙酰甲喹(mequindox)及其盐、酯及制剂	所有用途
		抗生素滤渣	抗生素滤渣	所有用途
5	抗寄生虫类	苯并咪唑类	噻苯咪唑(thiabendazole)、阿苯咪唑(albendazole)、甲苯咪唑(mebendazole)、硫苯咪唑(fenbendazole)、磺苯咪唑(oxfendazole)、丁苯咪唑(parbendazole)、丙氧苯咪唑(oxibendazole)、丙噻苯咪唑(CBZ)及制剂	所有用途
		抗球虫类	二氯二甲吡啶酚(clopidol)、氨丙啉(amprolini)、氯苯胍(robenidine)及其盐和制剂	所有用途
		硝基咪唑类	甲硝唑(metronidazole)、地美硝唑(dimetronidazole)、替硝唑(tinidazole)及其盐、酯及制剂等	促生长

表 A.1（续）

序号	种　类		药物名称	用　途
5	抗寄生虫类	氨基甲酸酯类	甲萘威(carbaryl)、呋喃丹(克百威，carbofuran)及制剂	杀虫剂
		有机氯杀虫剂	六六六(BHC)、滴滴涕(DDT)、林丹(丙体六六六，lindane)、毒杀芬(氯化烯，camahechlor)及制剂	杀虫剂
		有机磷杀虫剂	敌百虫(trichlorfon)、敌敌畏(dichlorvos)、皮蝇磷(fenchlorphos)、氧硫磷(oxinothiophos)、二嗪农(diazinon)、倍硫磷(fenthion)、毒死蜱(chlorpyrifos)、蝇毒磷(coumaphos)、马拉硫磷(malathion)及制剂	杀虫剂
		其他杀虫剂	杀虫脒(克死螨，chlordimeform)、双甲脒(amitraz)、酒石酸锑钾(antimony potassium tartrate)、锥虫胂胺(tryparsamide)、孔雀石绿(malachite green)、五氯酚酸钠(pentachlorophenol sodium)、氯化亚汞(甘汞，calomel)、硝酸亚汞(mercurous nitrate)、醋酸汞(mercurous acetate)、吡啶基醋酸汞(pyridyl mercurous acetate)	杀虫剂
6	抗病毒类药物		金刚烷胺(amantadine)、金刚乙胺(rimantadine)、阿昔洛韦(aciclovir)、吗啉(双)胍(病毒灵)(moroxydine)、利巴韦林(ribavirin)等及其盐、酯及单、复方制剂	抗病毒
7	有机胂制剂		洛克沙胂(roxarsone)、氨苯胂酸(阿散酸，arsanilic acid)	所有用途

附　录　B
（规范性附录）
产蛋期和泌乳期不应使用的兽药

产蛋期和泌乳期不应使用表 B.1 所列的兽药。

表 B.1　产蛋期和泌乳期不应使用的兽药目录

生长阶段	种　　类		兽药名称
产蛋期	抗菌药类	四环素类	四环素(tetracycline)、多西环素(doxycycline)
		青霉素类	阿莫西林(amoxycillin)、氨苄西林(ampicillin)
		氨基糖苷类	新霉素(neomycin)、安普霉素(apramycin)、越霉素 A(destomycin A)、大观霉素(spectinomycin)
		磺胺类	磺胺氯哒嗪(sulfachlorpyridazine)、磺胺氯吡嗪钠(sulfachlorpyridazine sodium)
		酰胺醇类	氟苯尼考(florfenicol)
		林可胺类	林可霉素(lincomycin)
		大环内酯类	红霉素(erythromycin)、泰乐菌素(tylosin)、吉他霉素(kitasamycin)、替米考星(tilmicosin)、泰万菌素(tylvalosin)
		喹诺酮类	达氟沙星(danofloxacin)、恩诺沙星(enrofloxacin)、沙拉沙星(sarafloxacin)、环丙沙星(ciprofloxacin)、二氟沙星(difloxacin)、氟甲喹(flumequine)
		多肽类	那西肽(nosiheptide)、黏霉素(colimycin)、恩拉霉素(enramycin)、维吉尼霉素(virginiamycin)
		聚醚类	海南霉素钠(hainan fosfomycin sodium)
	抗寄生虫类		二硝托胺(dinitolmide)、马杜霉素(madubamycin)、地克珠利(diclazuril)、氯羟吡啶(clopidol)、氯苯胍(robenidine)、盐霉素钠(salinomycin sodium)
泌乳期	抗菌药类	四环素类	四环素(tetracycline)、多西环素(doxycycline)
		青霉素类	苄星邻氯青霉素(benzathine cloxacillin)
		大环内酯类	替米考星(tilmicosin)、泰拉霉素(tulathromycin)
	抗寄生虫类		双甲脒(amitraz)、伊维菌素(ivermectin)、阿维菌素(avermectin)、左旋咪唑(levamisole)、奥芬达唑(oxfendazole)、碘醚柳胺(rafoxanide)

ICS 11.220
B 41

中华人民共和国农业行业标准

NY/T 772—2013
代替 NY/T 772—2004

禽流感病毒RT-PCR检测方法

RT-PCR detection method for avian influenza viruses

2013-09-10 发布　　　　2014-01-01 实施

中华人民共和国农业部 发布

前　言

本标准按照 GB/T 1.1—2009 给出的规则起草。

本标准代替 NY/T 772—2004《禽流感病毒 RT-PCR 试验方法》。

本标准与 NY/T 772—2004 相比，主要变化如下：

——将原标准名称中“试验方法”改为“检测方法”；

——将原标准中两套操作标准，合并成一套操作标准；

——将原标准中异硫氰酸胍提取 RNA 方法，改用商品化 RNA 提取试剂提取方法；

——将原标准中 RT-PCR 检测模式，改为商品化一步法 RT-PCR 试剂盒的检测模式；

——更新了检测 H7 亚型禽流感病毒的引物序列，新增通用型 HA 和 NA 基因全长的 RT-PCR 检测方法；

——更新了 RT-PCR 扩增产物与加样缓冲液进行混合的方法；

——增设检测流程，说明如何搭配使用此标准中含有的多对引物，实现不同的检测目的。

本标准由农业部兽医局提出。

本标准由全国动物防疫标准化技术委员会(SAC/TC 181)归口。

本标准起草单位：中国农业科学院哈尔滨兽医研究所、中国动物卫生与流行病学中心。

本标准主要起草人：王秀荣、刘朔、陈继明、蒋文明、包红梅、陈化兰。

本标准所代替标准的历次版本发布情况为：

——NY/T 772—2004。

禽流感病毒 RT - PCR 检测方法

1 范围

本标准规定了禽流感病毒型特异性 RT - PCR(反转录—聚合酶链式反应)检测技术(各亚型通用),以及禽流感病毒 H5、H7、H9 血凝素(HA)亚型和 N1、N2 神经氨酸酶(NA)亚型的 RT - PCR 检测技术。

本标准适用于检测禽组织、分泌物、排泄物和禽胚尿囊液中禽流感病毒的核酸。

2 规范性引用文件

下列文件对于本文件的应用是必不可少的。凡是注日期的引用文件,仅注日期的版本适用于本文件。凡是不注日期的引用文件,其最新版本(包括所有的修改单)适用于本文件。

GB/T 18936 高致病性禽流感诊断技术

3 实验室条件

3.1 仪器

PCR 仪、台式低温高速离心机、电泳仪、电泳槽、冰箱、紫外凝胶成像仪、微量移液器和水浴箱等。

3.2 操作区域

样品处理区要有相应的生物安全设施;RNA 提取区和 RT - PCR 配液区要求高度洁净;电泳区要其他操作区域相互隔离。

3.3 操作者

操作者应接受过 RT - PCR 技术培训;熟悉防止 RNA 降解、核酸污染和溴化乙锭污染的具体措施;熟悉 RT - PCR 检测结果的判断方法。

4 试剂的准备

4.1 试剂

4.1.1 商品化的 RNA 提取试剂盒。

4.1.2 商品化的一步法 RT - PCR 试剂盒。

4.1.3 1.5%琼脂糖凝胶,见 A.1。

4.1.4 1×TAE 缓冲液,见 A.2。

4.1.5 溴化乙锭(10 μg/μL),见 A.3。

4.1.6 核酸电泳加样缓冲液,见 A.4。

4.1.7 商品化的 DNA 分子量标准,要求在 100 bp～1 000 bp 之间有 5 条以上的指示条带。

4.1.8 用已知的含有与 RT - PCR 检测引物(附录 B)相对应的且灭活的禽流感病毒制作的阳性对照标准品(来自商品化试剂盒或者省部级以上的实验室)。

4.1.9 用高压灭菌的蒸馏水作为阴性对照标准品。

4.2 引物

序列见附录 B,浓度均为 10 μmol/L,在 RT - PCR 反应体系的最终浓度是 0.4 μmol/L。

5 操作程序

5.1 样品采集和处理

按照 GB/T 18936 中提供的方法进行。

5.2 对照设置

每次检测每对引物，用相应的阳性对照标准品和阴性对照标准品，至少设置一个或一个以上的阴性对照和样品对照。

5.3 RNA 提取

按照 RNA 提取试剂盒的说明书，提取样品和对照的 RNA。提取的 RNA 应随即进行检测，否则应于−70℃冻存。

5.4 RNA 扩增体系的配制

按照商品化的一步法 RT-PCR 试剂盒说明书，配制 RT-PCR 反应体系。例如，在 RT-PCR 管中，依次加入 DEPC 水 13 μL、2×RT-PCR 缓冲液 25 μL、RT-PCR 酶混合物 2 μL、上下游引物(10 μmol/L)各 2 μL、待检测的 RNA 6 μL；如果同时进行多个样品的检测，可以按照上述比例，将待测的 RNA 以外的溶液混合在一起，然后每个 RT-PCR 管中分别加入 44 μL 此混合液，再加入 6 μL 对应样品的 RNA。对于采用 PCR 管底部加热的 PCR 仪，每管加样后，需要再加 PCR 专用的 20 μL 石蜡油。有时可以选择总体积为 25 μL 的 RT-PCR 反应体系。

5.5 RT-PCR 反应

按一步法 RT-PCR 试剂盒操作说明，设置反应条件。通常，第一步是 RT，AMV 反转录酶最适反应温度是 42℃，MMLV 反转录酶最适反应温度是 37℃，还有一些反转录酶最适反应温度是 50℃，反转录时间为 30 min；第二步是灭活反转录酶，95℃、3 min；第三步是 PCR。各对引物反应条件见附录 B。

5.6 RT-PCR 产物电泳

RT-PCR 结束后，每个 RT-PCR 管加入 5 μL 核酸电泳加样缓冲液，密闭 RT-PCR 管，充分混合，再每管取 5 μL～10 μL 加入琼脂糖凝胶板的加样孔中，在位于凝胶中央的孔加入 DNA 分子量标准。对于加封石蜡油的 RT-PCR 扩增产物，需要吸取 RT-PCR 产物，按比例加入核酸电泳加样缓冲液充分混匀。加样后，按照每厘米凝胶 5 V 电压，电泳 20 min～40 min(每次电泳时，每隔 10 min 观察一次。当加样缓冲液中溴酚蓝电泳过半至凝胶下 2/5 处时，可停止电泳)。电泳后，置于紫外凝胶成像仪下观察，用分子量标准判断 RT-PCR 扩增产物大小。

5.7 RT-PCR 产物测序

RT-PCR 阳性扩增产物，用 Sanger 方法进行序列测定。

6 结果判定

6.1 阳性对照出现相应大小的扩增条带，且阴性对照无此扩增带时，判定检测有效；否则，判定检测结果无效，不能进行下面的判断。

6.2 用附录 B 中的 M-229 或 NP-330 引物检测，电泳出现对应大小的扩增条带，判定为禽流感病毒核酸阳性；否则，判定为禽流感病毒核酸阴性。

6.3 用附录 B 中的 H5-380 或 H5-545 引物检测，电泳出现对应大小的扩增条带，判定为 H5 亚型禽流感病毒核酸阳性；否则，判定为 H5 亚型禽流感病毒核酸阴性。

6.4 用附录 B 中的 H7-263 引物检测，电泳出现对应大小的扩增条带，判定为 H7、H10 或 H15 亚型禽流感病毒核酸阳性(对扩增产物进行测序分析，可以确定是 H7 亚型禽流感病毒核酸阳性，还是 H10 或 H15 亚型禽流感病毒核酸阳性)；否则，判定为 H7 亚型禽流感病毒核酸阴性。

6.5 用附录 B 中的 H9-487 引物检测，电泳出现对应大小的扩增条带，判定为 H9 亚型禽流感病毒核酸阳性；否则，判定为 H9 亚型禽流感病毒核酸阴性。

6.6 用附录 B 中的 N1 - 358 引物检测，电泳出现对应大小的扩增条带，判定为 N1 亚型禽流感病毒核酸阳性；否则，判定为 N1 亚型禽流感病毒核酸阴性。

6.7 用附录 B 中的 N2 - 377 引物检测，电泳出现对应大小的扩增条带，判定为 N2 亚型禽流感病毒核酸阳性；否则，判定为 N2 亚型禽流感病毒核酸阴性。

6.8 用附录 B 中的 HA - WL 引物检测，电泳出现对应大小的扩增条带，判定为禽流感病毒核酸阳性；由于该方法灵敏度不高，电泳未出现对应大小的扩增条带，不能判定为禽流感病毒核酸阴性。

6.9 用附录 B 中的 NA - WL 引物检测，电泳出现对应大小的扩增条带，判定为禽流感病毒核酸阳性；由于该方法灵敏度不高，电泳未出现对应大小的扩增条带，不能判定为禽流感病毒核酸阴性。

7 检测流程

7.1 为确定样品是否含有禽流感病毒或其核酸，用通用引物（如 M - 229 或 NP - 330）检测。

7.2 为确定样品是否含有某一（或某些）亚型的禽流感病毒或其核酸，用这一（或这些）亚型引物（如 H5 -380、H7 - 263、H9 - 487）检测。

7.3 对于大量的待测样品，可以先用通用引物 M - 229 或 NP - 330 进行检测，确定样品是否含有禽流感病毒或其核酸。如果发现阳性样品，再用某一（或某些）亚型引物进行检测，确立样品是否含有这一（或这些）亚型的禽流感病毒的核酸。

7.4 对于大量的待测样品，如果其中流感病毒含量较高，也可以先用通用引物 HA - WL 和/或 NA - WL 检测，确定样品是否含有禽流感病毒或其核酸。如果发现阳性样品，进行扩增产物的核酸序列测定，可以确立禽流感病毒的 HA 和/或 NA 亚型。

附 录 A
(规范性附录)
相关试剂的配制

A.1 1.5%琼脂糖凝胶

琼脂糖	1.5 g
0.5×TAE 电泳缓冲液	加至 100 mL

微波炉中完全融化,待冷至 50℃～60℃时,加溴化乙锭(EB)溶液 5 μL,摇匀,倒入电泳板上,凝固后取下梳子,备用。

A.2 1×TAE 电泳缓冲液

A.2.1 配制 0.5 mol/L 乙二铵四乙酸二钠(EDTA)溶液(pH8.0)

二水乙二铵四乙酸二钠	18.61 g
灭菌双蒸水	80 mL
氢氧化钠	调 pH 至 8.0
灭菌双蒸水	加至 100 mL

A.2.2 配制 50×TAE 电泳缓冲液

羟基甲基氨基甲烷(Tris)	242 g
冰乙酸	57.1 mL
0.5 mol/L 乙二铵四乙酸二钠溶液(pH8.0)	100 mL
灭菌双蒸水	加至 1 000 mL

用时用灭菌双蒸水稀释 50 倍使用。

A.2.3 配制 1×TAE 电泳缓冲液

50×TAE 电泳缓冲液	100 mL
灭菌双蒸水	加至 1 000 mL

A.3 溴化乙锭(EB)溶液

溴化乙锭	20 mg
灭菌双蒸水	加至 20 mL

A.4 10×加样缓冲液

聚蔗糖	25 g
灭菌双蒸水	100 mL
溴酚蓝	0.1 g
二甲苯青	0.1 g

附 录 B
(规范性附录)
检测引物

检测引物名称、序列、特异性、基因等见表B.1。

表B.1

引物名称	引物序列(上下两行分别为上下游引物序列)*	产物大小	特异性	PCR反应条件	基因
M-229	5′-TTCTAACCGAGGTCGAAAC-3′ 5′-AAGCGTCTACGCTGCAGTCC-3′	229 bp	甲型通用	94℃ 45 s,52℃ 45 s,72℃ 45 s,35个循环	M
NP-330(备选)	5′-CAGRTACTGGGCHATAAGRAC-3′ 5′-GCATTGTCTCCGAAGAAATAAG -3′	330 bp	甲型通用	95℃ 30 s,50℃ 40 s,72℃ 45 s,35个循环	NP
HA-WL	5′-GGGAGCAAAAGCAGGGG-3′ 5′-GGAGTAGAAACAAGGGTGTTTT-3′	1 778 bp	甲型通用	94℃ 45 s,57℃ 45 s,72℃ 3 m,35个循环	HA
NA-WL	5′-GGGAGCAAAAGCAGGAGT-3′ 5′-GGAGTAGAAACAAGGAGTTTTTT-3′	1 413 bp	甲型通用	94℃ 45 s,57℃ 45 s,72℃ 3 m,35个循环	NA
H5-380	5′-AACTGAGTGTTCATTTTGTCAAT -3′ 5′-AATGCACARGGAGGAGGAACT-3′	380 bp	H5亚型	94℃ 45 s,52℃ 45 s,72℃ 45 s,35个循环	HA
H5-545(备选)	5′-ACACATGCYCARGACATACT-3′ 5′-CTYTGRTTYAGTGTTGATGT-3′	545 bp	H5亚型	94℃ 30 s,55℃ 30 s,72℃ 30 s,35个循环	HA
H7-263	5′-AATGCTGARGAAGATGG-3′ 5′-CGCATGTTTCCATTYTT-3′	263 bp	H7亚型	94℃ 30 s,50℃ 30 s,72℃ 30 s,35个循环	HA
H9-487	5′-CTCCACACAGAGCAYAATGG-3′ 5′-GYACACTTGTTGTTGTRTC-3′	487 bp	H9亚型	95℃ 30 s,55℃ 40 s,72℃ 40 s,35个循环	HA
N1-358	5′-ATTRAAATACAAYGGYATAATAAC-3′ 5′-GTCWCCGAAAACYCCACTGCA-3′	358 bp	N1亚型	94℃ 45 s,52℃ 45 s,72℃ 45 s,35个循环	NA
N2-377	5′-GTGTGYATAGCATGGTCCAGCTCAAG-3′ 5′-GAGCCYTTCCARTTGTCTCTGCA-3′	377 bp	N2亚型	94℃ 45 s,52℃ 45 s,72℃ 45 s,35个循环	NA
* 序列中含有的简并碱基W=A/T,Y =C/T,R =A/G,H=A/C/T。					

ICS 11.220
B 41

中华人民共和国农业行业标准

NY/T 2417—2013

副猪嗜血杆菌PCR检测方法

Polymerase chain reaction (PCR) for detection of *Haemophilus parasuis*

2013-09-10 发布　　2014-01-01 实施

中华人民共和国农业部 发布

前　言

本标准按照 GB/T 1.1—2009 给出的规则起草。

本标准由中华人民共和国农业部提出。

本标准由全国动物防疫标准化技术委员会(SAC/TC 181)归口。

本标准起草单位:中国农业科学院兰州兽医研究所。

本标准主要起草人:逯忠新、贺英、储岳峰、赵萍、高鹏程。

副猪嗜血杆菌 PCR 检测方法

1 范围

本标准规定了检测副猪嗜血杆菌(*Haemophilus parasuis*,HPS)的聚合酶链式反应(Polymerase chain reaction,PCR)技术。

本标准适用于副猪嗜血杆菌病的病原学检测。

2 材料准备

2.1 器材

PCR 扩增仪、1.5 mL 离心管、2.0 mL 离心管、0.2 mL PCR 反应管、水浴箱、台式高速温控离心机、电泳仪、移液器、移液器吸管、紫外凝胶成像仪、冰箱。

2.2 试剂

NET 缓冲液(配制方法参见 A.1)、TAE 电泳缓冲液(配制方法参见 A.2)、RNase A 酶、蛋白酶 K、*Taq* DNA 聚合酶(5 U/μL)、10×PCR 缓冲液(含 Mg^{2+})、脱氧三磷酸核苷酸混合液(dNTPs,各 2.5 mmol/μL)、125 bp DNA 分子质量标准、无水乙醇、酚—氯仿—异戊醇(25∶24∶1)、三羟甲基氨基甲烷(Tris 碱)、琼脂糖、乙二胺四乙酸二钠(Na_2EDTA)、冰醋酸、氯化钠、溴酚蓝、溴化乙锭、十二烷基硫酸钠(SDS)、灭菌超纯水。

2.3 引物

引物序列:F1:5’- TAT CGG GAG ATG AAA GAC - 3’;F2:5’- GTA ATG TCT AAG GAC TAG - 3’;Revx: 5’- CCT CGC GGC TTC GTC - 3’。引物在使用时用灭菌超纯水稀释为 20 μmol/L。靶基因片段序列及引物在靶基因中的位置参见 A.3。

2.4 样品采集

2.4.1 气管分泌物

用灭菌棉拭子蘸取气管分泌物,放入无菌试管中。

2.4.2 肺脏

无菌采集肺脏病变部位或病变/非病变部位交界处的样品。

2.4.3 关节液

若有关节囊肿,在囊肿部位表面常规碘酊消毒,用 2 mL 或 5 mL 灭菌注射器穿刺,无菌吸取 1 mL～2 mL关节渗出液。

2.4.4 采集的样品

应在 4℃条件下立即送到实验室。

2.5 DNA 提取

2.5.1 样品处理

2.5.1.1 气管分泌物拭子

将每支拭子浸入 1 mL～2 mL NET 缓冲液中 30 min,反复挤压。将浸出液经 4℃ 7 500 *g* 离心 15 min后,弃上清。收集沉淀,用 1 mL NET 缓冲液重悬。

2.5.1.2 肺组织

将肺组织样品剪碎,按 1 g 加入 0.9 mL NET 缓冲液研磨后,用双层灭菌纱布过滤。收集过滤液于 2 mL灭菌离心管,4℃ 7 500 *g* 离心 15 min,弃上清。收集沉淀,用 1 mL NET 缓冲液重悬。

2.5.1.3 关节液

将 500 μL 关节液和 500 μL NET 缓冲液等体积混匀后，4℃7 500 *g* 离心 20 min，弃上清，收集沉淀，用 1 mLNET 缓冲液重悬。

2.5.2 DNA 的提取方法

2.5.2.1 取 2.5.1 中制备的样品悬液 500 μL，加入 100 μL 20%的 SDS(终浓度 3.4%)，混匀。在 95℃～100℃孵育 10 min 后，迅速放置于冰上冷却 10 min～15 min。

2.5.2.2 在样品中加入 RNaseA 至终浓度为 40 μg/ mL，50℃水浴 30 min。然后，加入蛋白酶 K 至终浓度为 200 μg/ mL，50 ℃水浴 30 min。

2.5.2.3 加入等体积的酚—氯仿—异戊醇(25 ∶ 24 ∶ 1)，手颠倒摇匀 2 次～3 次，4℃ 9 000 *g* 离心 10 min。

2.5.2.4 转移上清液于另一离心管中。

2.5.2.5 重复 2.5.2.3、2.5.2.4 操作过程，加入 2.5 倍体积的预冷无水乙醇，手颠倒摇匀 2 次～3 次，－20℃沉淀 30 min，4℃12 000 *g* 离心 10 min，弃去液相。

2.5.2.6 用 1 mL70%乙醇漂洗，4℃12 000 *g* 离心 2 min，弃上清，真空或室温下干燥 DNA 沉淀。

2.5.2.7 DNA 沉淀用 25 μL～50 μL 无菌超纯水溶解作为模板，保存在－20℃备用。

3 PCR 试验

3.1 反应体系

10×PCR buffer(含 Mg^{2+})	5 μL
脱氧三磷酸核苷酸混合液(dNTPs)	4 μL
F1 引物和 F2 引物	各 0.5 μL
Revx 引物	1 μL
模板(被检样品总 DNA)	2 μL
无菌超纯水	36.5 μL
Taq DNA 聚合酶	0.5 μL

样品检测时，同时要设阳性对照和空白对照，阳性对照模板为靶基因(副猪嗜血杆菌 16S rRNA 基因片段)重组质粒，空白对照为灭菌超纯水。

3.2 PCR 反应程序

94℃变性 3 min，然后 35 个循环，分别为：94℃变性 1 min，56℃退火 45 s，72℃延伸 1 min；最后 72℃延伸 10 min，4℃保存。

3.3 电泳

3.3.1 1%琼脂糖凝胶板的制备

称取 1 g 琼脂糖置于 100 mL TAE 电泳缓冲液中，加热融化。待温度降至 60℃左右时，加入 10 mg/ mL溴化乙锭(EB)3 μL～5 μL，均匀铺板，厚度为 3 mm～5 mm。

3.3.2 加样

PCR 反应结束，取扩增产物 5 μL(包括被检样品、阳性对照、空白对照)、125 bp DNA 分子质量标准 5 μL、上样缓冲液 1 μL 进行琼脂糖凝胶电泳。

3.3.3 电泳条件

100 V 电泳 30 min。

3.3.4 凝胶成像仪观察

扩增产物电泳结束后，用凝胶成像仪观察、拍照，记录试验结果。

4 PCR 试验结果判定

4.1 将扩增产物电泳后用凝胶成像仪观察，DNA 分子质量标准、阳性对照、空白对照为如下结果时试验方成立，否则应重新试验。

a) 125 bp DNA 分子质量标准电泳道，从上到下依次出现 2 000 bp、1 250 bp、1 000 bp、750 bp、500 bp、375 bp、250 bp、125 bp 共 8 条清晰的条带。

b) 阳性样品电泳道出现一条约 1 090 bp 清晰的条带。

c) 阴性样品电泳道不出现约 1 090 bp 条带。

4.2 被检样品结果判定

在同一块凝胶板上电泳后，当 DNA 分子质量标准、各组对照同时成立时，被检样品电泳道出现一条 1 090 bp 的条带，判为阳性(＋)；被检样品电泳道没有出现大小为 1 090 bp 的条带，判为阴性(－)。

结果判定参见附录 B。

附　录　A
（资料性附录）
PCR 试验试剂的配制

A.1　NET 缓冲液（pH 7.6）的配制

Tris 碱　6.06 g（0.05 mol/L）
$Na_2EDTA \cdot 2H_2O$　0.37 g（1 mol/L）
NaCl　8.77 g （0.151 mol/L）
超纯水　930 mL

待上述混合物完全溶解后，加超纯水至 1 L，用 1 mol/L HCl 滴度至 pH7.6，置于室温保存。

A.2　TAE 电泳缓冲液（pH 约 8.5）的配制

50×TAE 电泳缓冲储存液：
三羟甲基氨基甲烷（Tris 碱）　242 g
乙二胺四乙酸二钠（Na_2EDTA）　37.2 g
超纯水　800 mL

待上述混合物完全溶解后，加入 57.1 mL 的醋酸充分搅拌溶解，加超纯水至 1 L 后，置室温保存。使用前，用超纯水将 50×TAE 电泳缓冲液 50 倍稀释。

A.3　靶基因片段序列及引物在靶基因中的位置

A.3.1　引物 F1、Revx（适合于副猪嗜血杆菌血清型 1－4，6－11）。

agagtttgatcatggctcagattgaacgctggcggcaggcttaacacatgcaagtcgaacggtagcaggaagaag
cttgcttctttgctgacgagtggcggacgggtgagtaatgcttgggaatctggcttatggagggggataactacg
ggaaactgtagctaataccgc
F1→ gtag***tatcgggagatgaaagac***tgggaccgcaaggccagttgccataagatgagcccaagtgggattaggtagtt
ggtggggtaaaggcctaccaagccgacgatctctagctggtctgagaggatgaccagccacactggaactgagac
acggtccagactcctacgggaggcagcagtggggaatattgcacaatgggggaaccctgatgcagccatgccgc
gtgaatgaagaaggccttcgggttgtaaagttctttcggtgatgaggaagggtgatgttttaatagagcattaca
ttgacgttagtcacagaagaagcaccggctaactccgtgccagcagccgcggtaatacggagggtgcgagcgtta
atcggaatgactgggcgtaaagggcacgcaggcggtgacttaagtgggatgtgaaagccccgagcttaacttggg
aattgcatttcatactgggttgctagagtattttagggaggggtagaattccacgtgtagcggtgaaatgcgtag
agatgtggaggaataccgaaggcgaaggcagccccttgggaaaatactgacgctcatgtgcgaaagcgtggggag
caaacaggattagataccctggtagtccacgctgtaaacgctgtcgatttggggattgggctttatgtttggtgc
ccgtagctaacgtgataaatcgaccgcctggggagtacggccgcaaggttaaaactcaaatgaattgacgggggc
ccgcacaagcggtggagcatgtggtttaattcgatgcaacgcgaagaaccttacctactcttgacatcctaagaa
gaactcagagatgagtttgtgccttcgggaacttagagacaggtgctgcatggctgtcgtcagctcgtgttgtga
aatgttgggttaagtcccgcaacgagcgcaacccttatcctttgttgccagcgattcggtcgggaactcaaagga
gactgccagtgataaactggaggaaggtggggatgacgtcaagtcatcatggcccttacgagtagggctacacac
gtgctaca
Revx→ atggtgcatacagagggc***gacgaagccgcgagg***tggagtgaatctcagaaagtgcatctaagtccggattgga
gtctgcaactcgactccatgaagtcggaatcgctagtaatcgcgaatcagaatgtcgcggtgaatacgttcccgg
gccttgtacacaccgcccgtcacaccatgggagtgggttgtaccagaagtagatagcttaactgaaaggggcgt
ttaccacggtatgattcatgact

A.3.2 引物 F2、Revx(适合于副猪嗜血杆菌血清型 5,12－15)。

agagtttgatcatggctcagattgaacgctggcggcaggcttaacacatgcaagtcgaacggtagcaggaaggaa
gcttgctttctttgctgacgagtggcggacgggtgagtaatgcttggggatctggcttatggaggggg ataacga
cgggaaactgtcgctaataccgc

F2→ ***gtaatgtctaaggactag***agggtgggactttcgggccacctgccataagatgagcccaagtgggattaggtagtt
ggtggggtaaaggcctaccaagccgacgatctctagctggtctgagaggatgaccagccacactggaactgagac
acggtccagactcctacgggaggcagcagtggggaatattgcacaatgggggaaccctgatgcagccatgccgc
gtgaatgaagaaggccttcgggttgtaaagttctttcggtgatgaggaagggtgatgttttaatagagcattaca
ttgacgttagtcacagaagaagcaccggctaactccgtgccagcagccgcggtaatacggagggtgcgagcgtta
atcggaatgactgggcgtaaagggcacgcaggcggtgacttaagtgagatgtgaaagccccgagcttaacttggg
aattgcatttcatactgggttgctagagtattttagggaggggtagaattccacgtgtagcggtgaaatgcgtag
agatgtggaggaataccgaaggcgaaggcagccccttgggaaaatactgacgctcatgtgcgaaagcgtggggag
caaacaggattagataccctggtagtccacgctgtaaacgctgtcgatttggggattgggctttatgtttggtgc
ccgtagctaacgtgataaatcgaccgcctggggagtacggccgcaaggttaaaactcaaatgaattgacgggggc
ccgcacaagcggtggagcatgtggtttaattcgatgcaacgcgaagaaccttacctactcttgacatcctaagaa
gctttcagagatgagagtgtgccttcgggaacttagagacaggtgctgcatggctgtcgtcagctcgtgttgtga
aatgttgggttaagtcccgcaacgagcgcaacccttatcctttgttgccagcgattcggtcgggaactcaaagga
gactgccagtgataaactggaggaaggtggggatgacgtcaagtcatcatggcccttacgagtagggctacacac
gtgctaca

Revx→ atggtgcatacagagggc***gacgaagccgcgagg***tagagtgaatctcagaaagtgcatctaagtccggattgga
gtctgcaactcgactccatgaagtcggaatcgctagtaatcgcgaatcagaatgtcgcggtgaatacgttcccgg
gccttgtacacaccgcccgtcacaccatgggagtgggttgtaccagaagtagatagcttaactgaaagggggcgt
ttaccacggtatgattcatgact

附　录　B
（资料性附录）
样品检测结果判定图

副猪嗜血杆菌 PCR 检测结果电泳图见图 B.1。

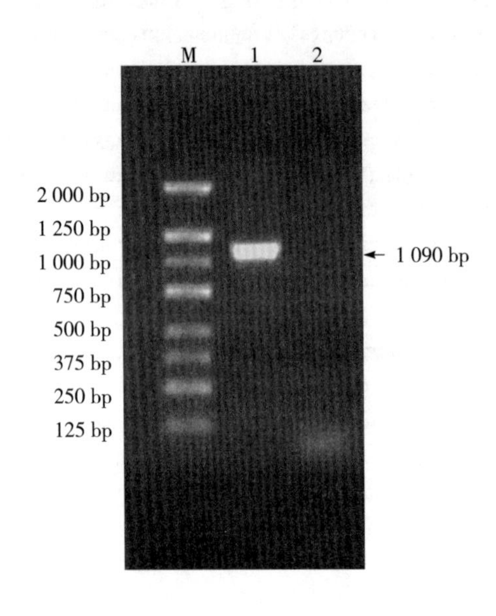

说明：

M——125 bp DNA 分子质量标准；

1 ——阳性；

2 ——阴性。

图 B.1　副猪嗜血杆菌 PCR 检测结果电泳图

第三部分

畜禽产品类标准

ICS 67.100.01
X 16

中华人民共和国农业行业标准

NY/T 2362—2013

生乳贮运技术规范

Technical specification of storage and transportation of raw milk

2013-05-20 发布 2013-08-01 实施

中华人民共和国农业部 发布

前　　言

本标准按照 GB/T 1.1—2009 给出的规则起草。

本标准由农业部畜牧业司提出。

本标准由全国畜牧业标准化技术委员会(SAC/TC 274)归口。

本标准起草单位:浙江省农业科学院、中国农业大学。

本标准主要起草人:陈黎洪、蒋永清、唐宏刚、肖朝耿、任发政、郑丽敏、张治国、朱加虹、王小骊、黄新。

生乳贮运技术规范

1 范围

本标准规定了生乳贮存和运输的术语和定义、贮运工具、贮运工具的清洗消毒、生乳贮存和生乳运输。

本标准适用于生鲜乳收购站、牧场、奶牛养殖合作社和生乳运输部门。

2 规范性引用文件

下列文件对于本文件的应用是必不可少的。凡是注日期的引用文件,仅注日期的版本适用于本文件。凡是不注日期的引用文件,其最新版本(包括所有的修改单)适用于本文件。

GB 9684 食品安全国家标准 不锈钢制品

GB/T 10942 散装乳冷藏罐

GB/T 13879 贮奶罐

GB 19301 食品安全国家标准 生乳

生鲜乳生产收购管理办法 农业部令2008年第15号

生鲜乳生产技术规程(试行) 农办牧[2008]68号

3 术语和定义

GB 19301和GB/T 10942界定的以及下列术语和定义适用于本文件。

3.1

生乳贮存 raw milk storage

生乳在贮乳器具或奶槽车中的存放。

3.2

生乳运输 raw milk transportation

将生乳运到乳品加工企业的过程。

4 贮运工具

4.1 奶桶

4.1.1 应采用符合食品卫生要求的材料制成,不锈钢奶桶应符合GB 9684的要求。

4.1.2 要求有足够的刚性,经久耐用。

4.1.3 内壁光滑,转角做成圆弧形,便于清洗。

4.1.4 桶盖与桶体结合紧密。

4.2 运输车辆

4.2.1 由汽车、乳运输罐、站立平台、人孔、自动气阀等构成,乳阀室应根据实际情况决定是否安装、使用。

4.2.2 乳阀室内应安装有排乳管阀门及接口、清洗管阀门及接口,并配备温度显示装置。

4.2.3 乳运输罐顶部两侧应设置带扶手的站立平台和用于清洗的人孔。

4.2.4 设置自动气阀用于在进乳和排乳及清洗过程中的排气、进气,避免罐内形成高压或真空而损坏乳运输罐。同时,在运输途中保持乳运输罐的密闭。

4.2.5 乳运输罐由食品级不锈钢材料制成，奶槽车应配备控温系统。

4.2.6 宜采用自动化现场清洗系统(CIP)进行清洗。

4.3 贮奶罐

4.3.1 罐体为双层不锈钢结构，内壁与外壁之间为保温层。

4.3.2 贮奶罐宜安装有搅拌器、视孔、人孔、灯孔、生乳进出口、奶仓呼吸阀、溢流管、乳温监测装置、液位监测装置和工作扶梯、罐顶平台等，大中型罐内配有旋转喷头及CIP清洗系统。

4.3.3 贮奶罐材质、技术性能、主要零部件技术要求按照GB/T 13879的规定执行。

5 贮运工具的清洗消毒

生乳贮运工具的清洗、消毒按照《生鲜乳生产技术规程(试行)》的规定执行。

6 生乳贮存

6.1 按照《生鲜乳生产收购管理办法》的要求收购的生乳，应存放于符合GB/T 10942要求的直冷式或带有制冷系统的贮奶罐。

6.2 生乳应贮存在由食品级不锈钢材料制成的密闭的容器中，贮存温度应在2 h内降至0℃～4℃，并对生乳贮存容器编号、生乳贮存数量、贮存温度、温度检查日期和时间、检查人和核查人姓名等进行记录。

6.3 贮奶间只能用于冷却和贮存生乳。不应堆放任何化学物品和杂物，应设有防止虫害和鼠害的措施。

7 生乳运输

7.1 生乳运输应采用密闭的、洁净的、经消毒的奶槽车或保温奶桶，运输过程温度控制在0℃～6℃。

7.2 运输设施应及时清洗消毒，无奶垢、无不良气味。

7.3 运输车辆应取得当地行政主管部门核发的生乳准运证明，且只能用于运送生乳或饮用水，不得运输其他物品。运输车辆应携带生乳交接单。

7.4 生乳挤出后，应在48 h内运抵乳品加工企业。

7.5 运输记录应当标明生乳生产主体名称、装载量、装运地、运输车辆牌照、承运人姓名及联系方式、装运时间、装运及卸载时的生乳温度等内容。

ICS 67.120.10
X 22

中华人民共和国农业行业标准

NY/T 2534—2013

生鲜畜禽肉冷链物流技术规范

Technical specification for cold chain logistics of fresh livestock and poultry meat

2013-12-13 发布　　2014-04-01 实施

中华人民共和国农业部　发布

前　言

本标准按照 GB/T 1.1—2009 给出的规则起草。

本标准由农业部农产品加工局提出并归口。

本标准主要起草单位:中国农业科学院农产品加工研究所、雨润集团、宁夏金福来羊产业有限公司、河南大用实业有限公司、内蒙古蒙都羊业食品有限公司。

本标准主要起草人:张德权、张春晖、饶伟丽、闵成军、陈丽、张洪恩、李春红、李娟、杜文君、许录。

生鲜畜禽肉冷链物流技术规范

1 范围

本标准规定了生鲜畜禽肉冷链物流过程的术语和定义、冷加工、包装、贮存、运输、批发及零售的要求。

本标准适用于生鲜畜禽肉从冷加工到零售终端的整个冷链物流过程中的质量控制。

2 规范性引用文件

下列文件对于本文件的应用是必不可少的。凡是注日期的引用文件,仅注日期的版本适用于本文件。凡是不注日期的引用文件,其最新版本(包括所有的修改单)适用于本文件。

GB/T 4456 包装用聚乙烯吹塑薄膜

GB/T 6543 运输包装用单瓦楞纸箱和双瓦楞纸箱

GB 7718 预包装食品标签通则

GB 9687 食品包装用聚乙烯成型品卫生标准

GB 9688 食品包装用聚丙烯成型品卫生标准

GB 9959.2 分割鲜、冻猪瘦肉

GB 12694 肉类加工厂卫生规范

GB 14881 食品企业通用卫生规范

GB 14930.1 食品工具、设备用洗涤剂卫生标准

GB 14930.2 食品工具、设备用洗涤消毒剂卫生标准

GB/T 18354 物流术语

GB/T 19478 肉鸡屠宰操作规程

GB/T 19480 肉与肉制品术语

NY 467 畜禽屠宰卫生检疫规范

NY/T 631 鸡肉质量分级

NY/T 1564 羊肉分割技术规范

3 术语和定义

GB/T 18354、GB/T 19480 界定的以及下列术语和定义适用于本文件。

3.1

生鲜畜禽肉 fresh livestock and poultry meat

畜禽经屠宰、分割或不分割后得到的非冻结畜禽胴体和分割产品。

3.2

冷链物流 cold chain logistics

在生产到消费全过程中,产品始终处于低温状态进行生产加工、贮存、运输、批发和零售等实体流动的过程。

3.3

分割 cut

根据有关标准和要求,对胴体按不同部位,去皮或不去皮、去骨或不去骨的切割过程。

3.4

预冷 pre-cooling

在下一道工序之前的冷却，或在运输及入库前，对产品进行的快速冷却。

3.5

冷藏 chilling

在0℃～4℃的低温条件下贮存生鲜畜禽肉。

3.6

冷库 cold storage

用于在低温下贮存货物的建筑群，包括库房、制冷设施、配电室及其附属建筑物。按使用性质可分为生产性冷库、分配性冷库和零售性冷库。

4 冷链流程

加工厂宰杀的畜禽胴体经预冷→分割或不分割→冷却后胴体或分割肉→包装→贮存→冷藏运输→批发→零售。

5 冷加工

5.1 加工企业卫生要求

应符合GB 12694、GB 14881的要求。

5.2 屠宰加工要求

应符合GB/T 19478、GB 9959.2、NY 467、NY/T 631和NY/T 1564的要求。

5.3 预冷要求

胴体温度应在24 h之内降至0℃～4℃，方可入冷藏间。

5.4 分割要求

分割间温度应≤12℃，分割时间≤30 min，分割过程肉中心温度<7℃。

6 包装

6.1 包装要求

生鲜畜禽肉包装间温度应≤12℃，包装时间≤30 min。

6.2 预包装标识要求

进入零售市场销售的生鲜畜禽肉需要预包装的预包装标识应符合GB 7718的要求。

6.3 预包装材料要求

应符合GB/T 4456、GB/T 6543、GB 9687和GB 9688的要求。

7 贮存

7.1 冷库要求

7.1.1 冷库应设有与运输车辆对接的门套密封装置。

7.1.2 冷库温度应控制在0℃～4℃。

7.2 贮存管理

7.2.1 生鲜畜禽肉贮存过程中不应与有毒、有害、有异味、易挥发、易腐蚀的物品同处存放。

7.2.2 不同品种、批次、规格的生鲜畜禽肉应分别码放，码放应稳固、整齐、适量。货垛应置于拖板上，不得直接着地，并满足“先进先出”原则。

7.2.3 温度记录档案应保存 2 年。

7.2.4 生鲜畜禽肉离冷库门两边的距离至少为 200 mm，离墙 300 mm、离顶 200 mm～600 mm、离排管 300 mm、离风道 300 mm 距离。

8 运输

8.1 运输设备

8.1.1 应采用冷藏车、冷藏集装箱、冷藏船等具有制冷功能的运输设备。

8.1.2 车厢及接触肉类的器具应符合卫生要求，且利于清洗消毒。

8.1.3 冷藏运输设备应设有持续全程的温度记录装置。

8.2 温度要求

运输生鲜畜禽肉的厢体内应保持 0℃～4℃。

8.3 运输管理

8.3.1 冷藏运输设备每次用毕应进行清洗消毒，做好消毒记录，保持清洁卫生。清洗消毒剂应符合 GB 14930.1和 GB 14930.2 的规定。

8.3.2 冷藏运输设备装载货物前，运输人员应对冷藏运输设备及其制冷装置、温度记录装置进行检查，确保所有的设施正常，车厢内温度应预冷到 4℃以下。

8.3.3 装载时，生鲜畜禽肉离顶 20 mm，应用支架、栅栏或其他装置防止货物移动。包装肉与裸装肉同车运输时，应采取隔离防护措施。

8.3.4 装货后 1 h 之内降到 4℃以下，全程保持 0℃～4℃。

8.3.5 在出库或到达接收方时，应在 30 min 以内装卸完毕。在装卸过程中，生鲜畜禽肉不应落地。

8.3.6 运输人员在运输过程中要及时查看温度记录装置，做好记录，作为交接凭证。交接时，生鲜畜禽肉应＜7℃。

9 批发、零售

9.1 设备设施要求

批发市场应建有冷库、冷柜，库容量应不小于年交易量的 0.5%，零售市场应设有冷藏柜。

9.2 温度要求

批发、零售时生鲜畜禽肉温度应＜7℃。

9.3 卫生要求

批发、零售相关设施应每日清洗消毒，保持清洁。

附录

中华人民共和国农业部公告
第 1943 号

根据《中华人民共和国农业转基因生物安全管理条例》规定，《转基因植物及其产品成分检测　棉花内标准基因定性 PCR 方法》等 4 项标准业经专家审定通过，现批准发布为中华人民共和国国家标准，自发布之日起实施。

特此公告。

附件：《转基因植物及其产品成分检测　棉花内标准基因定性 PCR 方法》等 4 项农业国家标准目录

农业部

2013 年 5 月 23 日

附件：

《转基因植物及其产品成分检测　棉花内标准基因定性 PCR 方法》等 4 项农业国家标准目录

序号	标准名称	标准代号	代替标准号
1	转基因植物及其产品成分检测　棉花内标准基因定性 PCR 方法	农业部 1943 号公告—1—2013	
2	转基因植物及其产品成分检测　转 *cry1A* 基因抗虫棉花构建特异性定性 PCR 方法	农业部 1943 号公告—2—2013	
3	转基因植物及其产品环境安全检测　抗虫棉花　第 1 部分：对靶标害虫的抗虫性	农业部 1943 号公告—3—2013	农业部 953 号公告—12.1—2007
4	转基因植物及其产品成分检测　抗虫转 *Bt* 基因棉花外源蛋白表达量检测技术规范	农业部 1943 号公告—4—2013	农业部 1485 号公告—14—2010

附　录

中华人民共和国农业部公告
第 1944 号

《农产品质量安全检测员》等 99 项标准业经专家审定通过，现批准发布为中华人民共和国农业行业标准，自 2013 年 8 月 1 日起实施。

特此公告。

附件：《农产品质量安全检测员》等 99 项农业行业标准目录

农业部

2013 年 5 月 23 日

附件：

《农产品质量安全检测员》等99项农业行业标准目录

序号	标准号	标准名称	代替标准号
1	NY/T 2298—2013	农产品质量安全检测员	
2	NY/T 2299—2013	农村信息员	
3	NY/T 2300—2013	中兽医员	
4	NY/T 2301—2013	参业　名词术语	
5	NY/T 2302—2013	农产品等级规格　樱桃	
6	NY/T 2303—2013	农产品等级规格　金银花	
7	NY/T 2304—2013	农产品等级规格　枇杷	
8	NY/T 2305—2013	苹果高接换种技术规范	
9	NY/T 2306—2013	花卉种苗组培快繁技术规程	
10	NY/T 2307—2013	芝麻油冷榨技术规范	
11	NY/T 2308—2013	花生黄曲霉毒素污染控制技术规程	
12	NY/T 2309—2013	黄曲霉毒素单克隆抗体活性鉴定技术规程	
13	NY/T 2310—2013	花生黄曲霉侵染抗性鉴定方法	
14	NY/T 2311—2013	黄曲霉菌株产毒力鉴定方法	
15	NY/T 2312—2013	茄果类蔬菜穴盘育苗技术规程	
16	NY/T 2313—2013	甘蓝抗枯萎病鉴定技术规程	
17	NY/T 2314—2013	水果套袋技术规程　柠檬	
18	NY/T 2315—2013	杨梅低温物流技术规范	
19	NY/T 2316—2013	苹果品质指标评价规范	
20	NY/T 2317—2013	大豆蛋白粉及制品辐照杀菌技术规范	
21	NY/T 2318—2013	食用藻类辐照杀菌技术规范	
22	NY/T 2319—2013	热带水果电子束辐照加工技术规范	
23	NY/T 2320—2013	干制蔬菜贮藏导则	
24	NY/T 2321—2013	微生物肥料产品检验规程	
25	NY/T 2322—2013	草品种区域试验技术规程　禾本科牧草	
26	NY/T 2323—2013	农作物种质资源鉴定评价技术规范　棉花	
27	NY/T 2324—2013	农作物种质资源鉴定评价技术规范　猕猴桃	
28	NY/T 2325—2013	农作物种质资源鉴定评价技术规范　山楂	
29	NY/T 2326—2013	农作物种质资源鉴定评价技术规范　枣	
30	NY/T 2327—2013	农作物种质资源鉴定评价技术规范　芋	
31	NY/T 2328—2013	农作物种质资源鉴定评价技术规范　板栗	
32	NY/T 2329—2013	农作物种质资源鉴定评价技术规范　荔枝	
33	NY/T 2330—2013	农作物种质资源鉴定评价技术规范　核桃	
34	NY/T 2331—2013	柞蚕种质资源保存与鉴定技术规程	
35	NY/T 2332—2013	红参中总糖含量的测定　分光光度法	
36	NY/T 2333—2013	粮食、油料检验　脂肪酸值测定	
37	NY/T 2334—2013	稻米整精米率、粒型、垩白粒率、垩白度及透明度的测定　图像法	
38	NY/T 2335—2013	谷物中戊聚糖含量的测定　分光光度法	
39	NY/T 2336—2013	柑橘及制品中多甲氧基黄酮含量的测定　高效液相色谱法	
40	NY/T 2337—2013	熟黄(红)麻木质素测定　硫酸法	
41	NY/T 2338—2013	亚麻纤维细度快速检测　显微图像法	
42	NY/T 2339—2013	农药登记用杀蛐剂药效试验方法及评价	
43	NY/T 1965.3—2013	农药对作物安全性评价准则　第3部分:种子处理剂对作物安全性评价室内试验方法	

（续）

序号	标准号	标准名称	代替标准号
44	NY/T 1154.16—2013	农药室内生物测定试验准则　杀虫剂　第16部分:对粉虱类害虫活性试验　琼脂保湿浸叶法	
45	NY/T 1156.18—2013	农药室内生物测定试验准则　杀菌剂　第18部分:井冈霉素抑制水稻纹枯病菌试验　E培养基法	
46	NY/T 1156.19—2013	农药室内生物测定试验准则　杀菌剂　第19部分:抑制水稻稻曲病菌试验　菌丝干重法	
47	NY/T 1464.49—2013	农药田间药效试验准则　第49部分:杀菌剂防治烟草青枯病	
48	NY/T 1464.50—2013	农药田间药效试验准则　第50部分:植物生长调节剂调控菊花生长	
49	NY/T 2340—2013	植物新品种特异性、一致性和稳定性测试指南　大葱	
50	NY/T 2341—2013	植物新品种特异性、一致性和稳定性测试指南　桃	
51	NY/T 2342—2013	植物新品种特异性、一致性和稳定性测试指南　甜瓜	
52	NY/T 2343—2013	植物新品种特异性、一致性和稳定性测试指南　西葫芦	
53	NY/T 2344—2013	植物新品种特异性、一致性和稳定性测试指南　长豇豆	
54	NY/T 2345—2013	植物新品种特异性、一致性和稳定性测试指南　蚕豆	
55	NY/T 2346—2013	植物新品种特异性、一致性和稳定性测试指南　草莓	
56	NY/T 2347—2013	植物新品种特异性、一致性和稳定性测试指南　大蒜	
57	NY/T 2348—2013	植物新品种特异性、一致性和稳定性测试指南　甘蔗	
58	NY/T 2349—2013	植物新品种特异性、一致性和稳定性测试指南　萝卜	
59	NY/T 2350—2013	植物新品种特异性、一致性和稳定性测试指南　绿豆	
60	NY/T 2351—2013	植物新品种特异性、一致性和稳定性测试指南　猕猴桃属	
61	NY/T 2352—2013	植物新品种特异性、一致性和稳定性测试指南　桑属	
62	NY/T 2353—2013	植物新品种特异性、一致性和稳定性测试指南　三七	
63	NY/T 2354—2013	植物新品种特异性、一致性和稳定性测试指南　苦瓜	
64	NY/T 2355—2013	植物新品种特异性、一致性和稳定性测试指南　燕麦	
65	NY/T 2356—2013	植物新品种特异性、一致性和稳定性测试指南　狼尾草属	
66	NY/T 2357—2013	植物新品种特异性、一致性和稳定性测试指南　非洲菊	
67	NY/T 2358—2013	亚洲飞蝗测报技术规范	
68	NY/T 2359—2013	三化螟测报技术规范	
69	NY/T 2360—2013	十字花科小菜蛾抗药性监测技术规程	
70	NY/T 2361—2013	蔬菜夜蛾类害虫抗药性监测技术规程	
71	NY/T 2362—2013	生乳贮运技术规范	
72	NY/T 2363—2013	奶牛热应激评价技术规范	
73	NY/T 2364—2013	蜜蜂种质资源评价规范	
74	NY/T 2365—2013	农业科技园区建设规范	
75	NY/T 2366—2013	休闲农庄建设规范	
76	NY/T 2367—2013	土壤凋萎含水量的测定　生物法	
77	NY/T 2368—2013	农田水资源利用效益观测与评价技术规范　总则	
78	NY/T 2369—2013	户用生物质炊事炉具通用技术条件	
79	NY/T 2370—2013	户用生物质炊事炉具性能试验方法	
80	NY/T 2371—2013	农村沼气集中供气工程技术规范	
81	NY/T 2372—2013	秸秆沼气工程运行管理规范	
82	NY/T 2373—2013	秸秆沼气工程质量验收规范	
83	NY/T 2374—2013	沼气工程沼液沼渣后处理技术规范	
84	NY/T 2375—2013	食用菌生产技术规范	NY/T 5333—2006
85	NY/T 441—2013	苹果生产技术规程	NY/T 441—2001
86	NY/T 593—2013	食用稻品种品质	NY/T 593—2002
87	NY/T 594—2013	食用粳米	NY/T 594—2002
88	NY/T 595—2013	食用籼米	NY/T 595—2002

（续）

序号	标准号	标准名称	代替标准号
89	NY/T 1072—2013	加工用苹果	NY/T 1072—2006
90	NY/T 1159—2013	中华蜜蜂种蜂王	NY/T 1159—2006
91	NY/T 925—2013	天然生胶　技术分级橡胶全乳胶(SCR WF)生产技术规程	NY/T 925—2004
92	NY/T 409—2013	天然橡胶初加工机械通用技术条件	NY/T 409—2000
93	NY/T 1219—2013	浓缩天然胶乳初加工原料　鲜胶乳	NY/T 1219—2006
94	NY/T 1153.1—2013	农药登记用白蚁防治剂药效试验方法及评价　第1部分:农药对白蚁的毒力与实验室药效	NY/T 1153.1—2006
95	NY/T 1153.2—2013	农药登记用白蚁防治剂药效试验方法及评价　第2部分:农药对白蚁毒效传递的室内测定	NY/T 1153.2—2006
96	NY/T 1153.3—2013	农药登记用白蚁防治剂药效试验方法及评价　第3部分:农药土壤处理预防白蚁	NY/T 1153.3—2006
97	NY/T 1153.4—2013	农药登记用白蚁防治剂药效试验方法及评价　第4部分:农药木材处理预防白蚁	NY/T 1153.4—2006
98	NY/T 1153.5—2013	农药登记用白蚁防治剂药效试验方法及评价　第5部分:饵剂防治白蚁	NY/T 1153.5—2006
99	NY/T 1153.6—2013	农药登记用白蚁防治剂药效试验方法及评价　第6部分:农药滞留喷洒防治白蚁	NY/T 1153.6—2006

附　录

中华人民共和国农业部公告
第 1988 号

《农产品等级规格　姜》等 99 项标准业经专家审定通过，现批准发布为中华人民共和国农业行业标准，自 2014 年 1 月 1 日起实施。

特此公告。

附件：《农产品等级规格　姜》等 99 项农业行业标准目录

农业部

2013 年 9 月 10 日

附件：

《农产品等级规格　姜》等99项农业行业标准目录

序号	标准号	标准名称	代替标准号
1	NY/T 2376—2013	农产品等级规格　姜	
2	NY/T 2377—2013	葡萄病毒检测技术规范	
3	NY/T 2378—2013	葡萄苗木脱毒技术规范	
4	NY/T 2379—2013	葡萄苗木繁育技术规程	
5	NY/T 2380—2013	李贮运技术规范	
6	NY/T 2381—2013	杏贮运技术规范	
7	NY/T 2382—2013	小菜蛾防治技术规范	
8	NY/T 2383—2013	马铃薯主要病虫害防治技术规程	
9	NY/T 2384—2013	苹果主要病虫害防治技术规程	
10	NY/T 2385—2013	水稻条纹叶枯病防治技术规程	
11	NY/T 2386—2013	水稻黑条矮缩病防治技术规程	
12	NY/T 2387—2013	农作物优异种质资源评价规范　西瓜	
13	NY/T 2388—2013	农作物优异种质资源评价规范　甜瓜	
14	NY/T 2389—2013	柑橘采后病害防治技术规范	
15	NY/T 2390—2013	花生干燥与贮藏技术规程	
16	NY/T 2391—2013	农作物品种区域试验与审定技术规程　花生	
17	NY/T 2392—2013	花生田镉污染控制技术规程	
18	NY/T 2393—2013	花生主要虫害防治技术规程	
19	NY/T 2394—2013	花生主要病害防治技术规程	
20	NY/T 2395—2013	花生田主要杂草防治技术规程	
21	NY/T 2396—2013	麦田套种花生生产技术规程	
22	NY/T 2397—2013	高油花生生产技术规程	
23	NY/T 2398—2013	夏直播花生生产技术规程	
24	NY/T 2399—2013	花生种子生产技术规程	
25	NY/T 2400—2013	绿色食品　花生生产技术规程	
26	NY/T 2401—2013	覆膜花生机械化生产技术规程	
27	NY/T 2402—2013	高蛋白花生生产技术规程	
28	NY/T 2403—2013	旱薄地花生高产栽培技术规程	
29	NY/T 2404—2013	花生单粒精播高产栽培技术规程	
30	NY/T 2405—2013	花生连作高产栽培技术规程	
31	NY/T 2406—2013	花生防空秕栽培技术规程	
32	NY/T 2407—2013	花生防早衰适期晚收高产栽培技术规程	
33	NY/T 2408—2013	花生栽培观察记载技术规范	
34	NY/T 2409—2013	有机茄果类蔬菜生产质量控制技术规范	
35	NY/T 2410—2013	有机水稻生产质量控制技术规范	
36	NY/T 2411—2013	有机苹果生产质量控制技术规范	
37	NY/T 2412—2013	稻水象甲监测技术规范	
38	NY/T 2413—2013	玉米根萤叶甲监测技术规范	
39	NY/T 2414—2013	苹果蠹蛾监测技术规范	
40	NY/T 2415—2013	红火蚁化学防控技术规程	
41	NY/T 2416—2013	日光温室棚膜光阻隔率技术要求	
42	NY/T 2417—2013	副猪嗜血杆菌PCR检测方法	
43	NY/T 2418—2013	四纹豆象检疫检测与鉴定方法	
44	NY/T 2419—2013	植株全氮含量测定　自动定氮仪法	
45	NY/T 2420—2013	植株全钾含量测定　火焰光度计法	

（续）

序号	标准号	标准名称	代替标准号
46	NY/T 2421—2013	植株全磷含量测定　钼锑抗比色法	
47	NY/T 2422—2013	植物新品种特异性、一致性和稳定性测试指南　茶树	
48	NY/T 2423—2013	植物新品种特异性、一致性和稳定性测试指南　小豆	
49	NY/T 2424—2013	植物新品种特异性、一致性和稳定性测试指南　苹果	
50	NY/T 2425—2013	植物新品种特异性、一致性和稳定性测试指南　谷子	
51	NY/T 2426—2013	植物新品种特异性、一致性和稳定性测试指南　茄子	
52	NY/T 2427—2013	植物新品种特异性、一致性和稳定性测试指南　菜豆	
53	NY/T 2428—2013	植物新品种特异性、一致性和稳定性测试指南　草地早熟禾	
54	NY/T 2429—2013	植物新品种特异性、一致性和稳定性测试指南　甘薯	
55	NY/T 2430—2013	植物新品种特异性、一致性和稳定性测试指南　花椰菜	
56	NY/T 2431—2013	植物新品种特异性、一致性和稳定性测试指南　龙眼	
57	NY/T 2432—2013	植物新品种特异性、一致性和稳定性测试指南　芹菜	
58	NY/T 2433—2013	植物新品种特异性、一致性和稳定性测试指南　向日葵	
59	NY/T 2434—2013	植物新品种特异性、一致性和稳定性测试指南　芝麻	
60	NY/T 2435—2013	植物新品种特异性、一致性和稳定性测试指南　柑橘	
61	NY/T 2436—2013	植物新品种特异性、一致性和稳定性测试指南　豌豆	
62	NY/T 2437—2013	植物新品种特异性、一致性和稳定性测试指南　春兰	
63	NY/T 2438—2013	植物新品种特异性、一致性和稳定性测试指南　白灵侧耳	
64	NY/T 2439—2013	植物新品种特异性、一致性和稳定性测试指南　芥菜型油菜	
65	NY/T 2440—2013	植物新品种特异性、一致性和稳定性测试指南　芒果	
66	NY/T 2441—2013	植物新品种特异性、一致性和稳定性测试指南　兰属	
67	NY/T 2442—2013	蔬菜集约化育苗场建设标准	
68	NY/T 2443—2013	种畜禽性能测定中心建设标准　奶牛	
69	NY/T 2444—2013	菠萝叶纤维	
70	NY/T 2445—2013	木薯种质资源抗虫性鉴定技术规程	
71	NY/T 2446—2013	热带作物品种区域试验技术规程　木薯	
72	NY/T 2447—2013	椰心叶甲啮小蜂和截脉姬小蜂繁殖与释放技术规程	
73	NY/T 2448—2013	剑麻种苗繁育技术规程	
74	NY/T 2449—2013	农村能源术语	
75	NY/T 2450—2013	户用沼气池材料技术条件	
76	NY/T 2451—2013	户用沼气池运行维护规范	
77	NY/T 2452—2013	户用农村能源生态工程　西北模式设计施工与使用规范	
78	NY/T 2453—2013	拖拉机可靠性评价方法	
79	NY/T 2454—2013	机动喷雾机禁用技术条件	
80	NY/T 2455—2013	小型拖拉机安全认证规范	
81	NY/T 2456—2013	旋耕机　质量评价技术规范	
82	NY/T 2457—2013	包衣种子干燥机　质量评价技术规范	
83	NY/T 2458—2013	牧草收获机　质量评价技术规范	
84	NY/T 2459—2013	挤奶机械　质量评价技术规范	
85	NY/T 2460—2013	大米抛光机　质量评价技术规范	
86	NY/T 2461—2013	牧草机械化收获作业技术规范	
87	NY/T 2462—2013	马铃薯机械化收获作业技术规范	
88	NY/T 2463—2013	圆草捆打捆机　作业质量	
89	NY/T 2464—2013	马铃薯收获机　作业质量	
90	NY/T 2465—2013	水稻插秧机　修理质量	
91	NY/T 1928.2—2013	轮式拖拉机　修理质量　第2部分：直联传动轮式拖拉机	
92	NY/T 498—2013	水稻联合收割机　作业质量	NY/T 498—2002
93	NY/T 499—2013	旋耕机　作业质量	NY/T 499—2002
94	NY 642—2013	脱粒机安全技术要求	NY 642—2002

（续）

序号	标准号	标准名称	代替标准号
95	NY/T 650—2013	喷雾机(器) 作业质量	NY/T 650—2002
96	NY/T 772—2013	禽流感病毒 RT-PCR 检测方法	NY/T 772—2004
97	NY/T 969—2013	胡椒栽培技术规程	NY/T 969—2006
98	NY/T 1748—2013	热带作物主要病虫害防治技术规程　荔枝	NY/T 1748—2007
99	NY/T 442—2013	梨生产技术规程	NY/T 442—2001

附　录

中华人民共和国农业部公告
第 2031 号

根据《中华人民共和国农业转基因生物安全管理条例》规定，《转基因植物及其产品环境安全检测　耐除草剂大豆　第 1 部分：除草剂耐受性》等 19 项标准业经专家审定通过，现批准发布为中华人民共和国国家标准，自发布之日起实施。

特此公告。

附件：《转基因植物及其产品环境安全检测　耐除草剂大豆　第 1 部分：除草剂耐受性》等 19 项农业国家标准目录

农业部

2013 年 12 月 4 日

附件：

《转基因植物及其产品环境安全检测　耐除草剂大豆　第1部分：除草剂耐受性》等19项农业国家标准目录

序号	标准名称	标准代号	代替标准号
1	转基因植物及其产品环境安全检测　耐除草剂大豆　第1部分：除草剂耐受性	农业部2031号公告—1—2013	
2	转基因植物及其产品环境安全检测　耐除草剂大豆　第2部分：生存竞争能力	农业部2031号公告—2—2013	
3	转基因植物及其产品环境安全检测　耐除草剂大豆　第3部分：外源基因漂移	农业部2031号公告—3—2013	
4	转基因植物及其产品环境安全检测　耐除草剂大豆　第4部分：生物多样性影响	农业部2031号公告—4—2013	
5	转基因植物及其产品成分检测　耐旱玉米MON87460及其衍生品种定性PCR方法	农业部2031号公告—5—2013	
6	转基因植物及其产品成分检测　抗虫玉米MIR162及其衍生品种定性PCR方法	农业部2031号公告—6—2013	
7	转基因植物及其产品成分检测　抗虫水稻科丰2号及其衍生品种定性PCR方法	农业部2031号公告—7—2013	
8	转基因植物及其产品成分检测　大豆内标准基因定性PCR方法	农业部2031号公告—8—2013	
9	转基因植物及其产品成分检测　油菜内标准基因定性PCR方法	农业部2031号公告—9—2013	
10	转基因植物及其产品成分检测　普通小麦内标准基因定性PCR方法	农业部2031号公告—10—2013	
11	转基因植物及其产品成分检测　*barstar*基因定性PCR方法	农业部2031号公告—11—2013	
12	转基因植物及其产品成分检测　*Barnase*基因定性PCR方法	农业部2031号公告—12—2013	
13	转基因植物及其产品成分检测　转淀粉酶基因玉米3272及其衍生品种定性PCR方法	农业部2031号公告—13—2013	
14	转基因动物及其产品成分检测　普通牛(*Bos taurus*)内标准基因定性PCR方法	农业部2031号公告—14—2013	
15	转基因生物及其产品食用安全检测　蛋白质功效比试验	农业部2031号公告—15—2013	
16	转基因生物及其产品食用安全检测　蛋白质经口急性毒性试验	农业部2031号公告—16—2013	
17	转基因生物及其产品食用安全检测　蛋白质热稳定性试验	农业部2031号公告—17—2013	
18	转基因生物及其产品食用安全检测　蛋白质糖基化高碘酸希夫染色试验	农业部2031号公告—18—2013	
19	转基因植物及其产品成分检测抽样	农业部2031号公告—19—2013	NY/T 673—2003

中华人民共和国农业部公告
第 2036 号

《大麦品种鉴定技术规程　SSR 分子标记法》等 77 项标准业经专家审定通过，现批准发布为中华人民共和国农业行业标准，自 2014 年 4 月 1 日起实施。

特此公告。

附件：《大麦品种鉴定技术规程　SSR 分子标记法》等 77 项农业行业标准目录

农业部

2013 年 12 月 12 日

附件：

《大麦品种鉴定技术规程　SSR 分子标记法》等 77 项农业行业标准目录

序号	标准号	标准名称	代替标准号
1	NY/T 2466—2013	大麦品种鉴定技术规程　SSR 分子标记法	
2	NY/T 2467—2013	高粱品种鉴定技术规程　SSR 分子标记法	
3	NY/T 2468—2013	甘蓝型油菜品种鉴定技术规程　SSR 分子标记法	
4	NY/T 2469—2013	陆地棉品种鉴定技术规程　SSR 分子标记法	
5	NY/T 2470—2013	小麦品种鉴定技术规程　SSR 分子标记法	
6	NY/T 2471—2013	番茄品种鉴定技术规程　Indel 分子标记法	
7	NY/T 2472—2013	西瓜品种鉴定技术规程　SSR 分子标记法	
8	NY/T 2473—2013	结球甘蓝品种鉴定技术规程　SSR 分子标记法	
9	NY/T 2474—2013	黄瓜品种鉴定技术规程　SSR 分子标记法	
10	NY/T 2475—2013	辣椒品种鉴定技术规程　SSR 分子标记法	
11	NY/T 2476—2013	大白菜品种鉴定技术规程　SSR 分子标记法	
12	NY/T 2477—2013	百合品种鉴定技术规程　SSR 分子标记法	
13	NY/T 2478—2013	苹果品种鉴定技术规程　SSR 分子标记法	
14	NY/T 2479—2013	植物新品种特异性、一致性和稳定性测试指南　白菜型油菜	
15	NY/T 2480—2013	植物新品种特异性、一致性和稳定性测试指南　红三叶	
16	NY/T 2481—2013	植物新品种特异性、一致性和稳定性测试指南　青麻	
17	NY/T 2482—2013	植物新品种特异性、一致性和稳定性测试指南　糖用甜菜	
18	NY/T 2483—2013	植物新品种特异性、一致性和稳定性测试指南　冰草属	
19	NY/T 2484—2013	植物新品种特异性、一致性和稳定性测试指南　无芒雀麦	
20	NY/T 2485—2013	植物新品种特异性、一致性和稳定性测试指南　黑麦草属	
21	NY/T 2486—2013	植物新品种特异性、一致性和稳定性测试指南　披碱草属	
22	NY/T 2487—2013	植物新品种特异性、一致性和稳定性测试指南　鹰嘴豆	
23	NY/T 2488—2013	植物新品种特异性、一致性和稳定性测试指南　黑麦	
24	NY/T 2489—2013	植物新品种特异性、一致性和稳定性测试指南　结缕草属	
25	NY/T 2490—2013	植物新品种特异性、一致性和稳定性测试指南　鸭茅	
26	NY/T 2491—2013	植物新品种特异性、一致性和稳定性测试指南　狗牙根	
27	NY/T 2492—2013	植物新品种特异性、一致性和稳定性测试指南　糜子	
28	NY/T 2493—2013	植物新品种特异性、一致性和稳定性测试指南　荞麦	
29	NY/T 2494—2013	植物新品种特异性、一致性和稳定性测试指南　紫苏	
30	NY/T 2495—2013	植物新品种特异性、一致性和稳定性测试指南　山药	
31	NY/T 2496—2013	植物新品种特异性、一致性和稳定性测试指南　芦笋	
32	NY/T 2497—2013	植物新品种特异性、一致性和稳定性测试指南　荠菜	
33	NY/T 2498—2013	植物新品种特异性、一致性和稳定性测试指南　茭白	
34	NY/T 2499—2013	植物新品种特异性、一致性和稳定性测试指南　籽粒苋	
35	NY/T 2500—2013	植物新品种特异性、一致性和稳定性测试指南　魔芋	
36	NY/T 2501—2013	植物新品种特异性、一致性和稳定性测试指南　丝瓜	
37	NY/T 2502—2013	植物新品种特异性、一致性和稳定性测试指南　芋	
38	NY/T 2503—2013	植物新品种特异性、一致性和稳定性测试指南　菊芋	
39	NY/T 2504—2013	植物新品种特异性、一致性和稳定性测试指南　瓠瓜	
40	NY/T 2505—2013	植物新品种特异性、一致性和稳定性测试指南　姜	
41	NY/T 2506—2013	植物新品种特异性、一致性和稳定性测试指南　水芹	
42	NY/T 2507—2013	植物新品种特异性、一致性和稳定性测试指南　茼蒿	
43	NY/T 2508—2013	植物新品种特异性、一致性和稳定性测试指南　矮牵牛	
44	NY/T 2509—2013	植物新品种特异性、一致性和稳定性测试指南　三色堇	
45	NY/T 2510—2013	植物新品种特异性、一致性和稳定性测试指南　石蒜属	

（续）

序号	标准号	标准名称	代替标准号
46	NY/T 2511—2013	植物新品种特异性、一致性和稳定性测试指南　雁来红	
47	NY/T 2512—2013	植物新品种特异性、一致性和稳定性测试指南　翠菊	
48	NY/T 2513—2013	植物新品种特异性、一致性和稳定性测试指南　一串红	
49	NY/T 2514—2013	植物新品种特异性、一致性和稳定性测试指南　黑穗醋栗	
50	NY/T 2515—2013	植物新品种特异性、一致性和稳定性测试指南　木菠萝	
51	NY/T 2516—2013	植物新品种特异性、一致性和稳定性测试指南　椰子	
52	NY/T 2517—2013	植物新品种特异性、一致性和稳定性测试指南　西番莲	
53	NY/T 2518—2013	植物新品种特异性、一致性和稳定性测试指南　木瓜属	
54	NY/T 2519—2013	植物新品种特异性、一致性和稳定性测试指南　番木瓜	
55	NY/T 2520—2013	植物新品种特异性、一致性和稳定性测试指南　树莓	
56	NY/T 2521—2013	植物新品种特异性、一致性和稳定性测试指南　蓝莓	
57	NY/T 2522—2013	植物新品种特异性、一致性和稳定性测试指南　柿	
58	NY/T 2523—2013	植物新品种特异性、一致性和稳定性测试指南　金顶侧耳	
59	NY/T 2524—2013	植物新品种特异性、一致性和稳定性测试指南　双胞蘑菇	
60	NY/T 2525—2013	植物新品种特异性、一致性和稳定性测试指南　草菇	
61	NY/T 2526—2013	植物新品种特异性、一致性和稳定性测试指南　丹参	
62	NY/T 2527—2013	植物新品种特异性、一致性和稳定性测试指南　菘蓝	
63	NY/T 2528—2013	植物新品种特异性、一致性和稳定性测试指南　枸杞	
64	NY/T 2529—2013	黄顶菊综合防治技术规程	
65	NY/T 2530—2013	外来入侵植物监测技术规程　刺萼龙葵	
66	NY/T 2531—2013	农产品质量追溯信息交换接口规范	
67	NY/T 2532—2013	蔬菜清洗机耗水性能测试方法	
68	NY/T 2533—2013	温室灌溉系统安装与验收规范	
69	NY/T 2534—2013	生鲜畜禽肉冷链物流技术规范	
70	NY/T 2535—2013	植物蛋白及制品名词术语	
71	NY/T 391—2013	绿色食品　产地环境质量	NY/T 391—2000
72	NY/T 392—2013	绿色食品　食品添加剂使用准则	NY/T 392—2000
73	NY/T 393—2013	绿色食品　农药使用准则	NY/T 393—2000
74	NY/T 394—2013	绿色食品　肥料使用准则	NY/T 394—2000
75	NY/T 472—2013	绿色食品　兽药使用准则	NY/T 472—2006
76	NY/T 755—2013	绿色食品　渔药使用准则	NY/T 755—2003
77	NY/T 1054—2013	绿色食品　产地环境调查、监测与评价规范	NY/T 1054—2006

欢迎登录：中国农业出版社网站
www.ccap.com.cn

NY

The Latest Agriculture Industry Standard of China

封面设计：杨 璞
版式设计：韩小丽

ISBN 978-7-109-19778-7

定价：58.00元